端木向宇
/ 著

永不放弃，做自己的英雄

中国华侨出版社

图书在版编目（CIP）数据

永不放弃，做自己的英雄 / 端木向宇著. —北京：
中国华侨出版社，2016.1

ISBN 978-7-5113-5935-3

Ⅰ.①永… Ⅱ.①端… Ⅲ.①成功心理—通俗读物

Ⅳ.①B848.4-49

中国版本图书馆 CIP 数据核字（2016）第 003151 号

永不放弃，做自己的英雄

著　　者 / 端木向宇

策划编辑 / 邓学之

责任编辑 / 文　蕾

责任校对 / 孙　丽

封面设计 / 尚世视觉

经　　销 / 新华书店

开　　本 / 710 毫米×1000 毫米　1/16　印张 /16　字数 /176 千字

印　　刷 / 北京中印联印务有限公司

版　　次 / 2016 年 3 月第 1 版　2016 年 3 月第 1 次印刷

书　　号 / ISBN 978-7-5113-5935-3

定　　价 / 29.80 元

中国华侨出版社　北京市朝阳区静安里 26 号通成达大厦 3 层　邮编：100028
法律顾问：陈鹰律师事务所

编辑部：（010）64443056　64443979

发行部：（010）64443051　传真：（010）64439708

网　址：www.oveaschin.com

E-mail：oveaschin@sina.com

你的价值，就是努力做"自己心目中的那个英雄"

《将来的你，一定会感谢现在拼命的自己》作者汤木

现在许多人在步入社会时，都想找条直路走。尤其年轻人，大学读完书进入社会刚几年，就想搞出名堂，实际不是这样简单。人生很多事，不是一条直线。社会发展快，变动很大，很多希望都不一定能得以实现。当你抱着很大希望的时候，失望很多；当看不到希望之后，希望又好像慢慢看得见一点。不少年轻人心态浮躁，想"一夜暴富"，却忽略了自身的一个致命弱点——把事情想得过于简单。人生历程还很长，要努力很多年才能取得成功。在这个过程中会有一些困难，每取得一点成就，信心就大一点，只有这样走，一步一步来，永不放弃。

成功源于在某一领域长时期的积累和创意灵感的发挥。我们追求成功，忽略了"其中的积累"，那么追求的成功成为"无本之木""无源之水"，最终被残酷的现实打得"遍体鳞伤"是必然的。我曾经倡导过"将来的你，一定会感谢现在拼命的自己""努力的你，终将成就无可替代的自己""你受的苦，总有一天会照亮你未来的路"

"我不勇敢，谁替我坚强"，一直鼓励大家通过努力改变自己，但是并不是每个人都能做大事，也不需要每个人都做大事。我们每个人只有尽自己最大努力做好了自己做的或者想做的事，时刻积极向上，"做自己的英雄"，那么我们即使做着在别人眼里看起来普通的事，也是真正意义上的成功者，也能收获成功的快乐和实现人生的价值。

我们来到这个世界上，每个人都希望自己活得有价值，都希望获得他人的关注和认同，因而很多人都追求成功。不过，成功不是为了得到他人的掌声和称赞，而是为了你个人的价值得到了很好的展现。所以，我们要展现自己的价值，那就要坚持追求自己的梦想，永不放弃，去努力做"自己心目中的那个英雄"。

有了梦想后，你只需去努力，时光和岁月会证明一切。愿天下所有有梦想的朋友都能做自己的英雄，都能如愿实现自己的梦想！

2015 年秋于北京

自序
人活着，就要有挑战自我的勇气

在我们平凡的生活里，很多人都失去了挑战自我的勇气，也有很多人在经历一次次挫折和失败后，产生了彷徨无助之感，在这个时候，也许你会期待有个英雄出现，可无论你如何努力寻找，结果还是独自守着这份无助。可能此时的你会怨恨现实的残酷，羡慕别人的成功，但你却忘记了自己，忘记了还有你和你的心，存在于这个世界。想过什么样的日子，完全取决于自己，你必须做自己的英雄。

有许多人和我一样，在通往人生的那条道路上孤独徘徊，被迷雾遮住的双眼无法看清周围的环境。我们在纷繁复杂的人生道路上独行，尽管步履蹒跚，但有一条路你不能拒绝，那就是成长之路。有一条路你不能选择，那就是放弃之路。人生最遗憾的事，莫过于轻易地放弃了不该放弃的。你曾经的那些好友，也许都过上了自己的生活，你的父母也会在守望中老去，没有人能一直陪伴着你。爱你的人和你爱的人都将渐渐离你远去。在此，你可以不拥有任何东西，除了对生活的激情和对未来的希望。

在这个人世间，有些路是非要一个人去面对，独自去跋涉的，路再遥远，夜再黑暗，也得孤寂地走下去。对于未来和前方的路，我们有太多的未知。正因为这些未知的因素，会在心理上产生恐惧。由于方向感的丧失，让自己变得虚无，不知道该往哪里走。脚步也开始不那么坚定，可低谷也是走向另一个高点的开始。积极的人在绝境中看到的是希望，而消极的人在同样的绝境中，看到的可能是死亡。

也许你有战胜一切的能力，却没有一丝战胜自己的勇气。如果你只看到没有得到和失去的，那你将错过当下正在到来的。不要因为你曾经历黑暗、挫折，就对未来失去信心。只要勇敢地迈出一步，奇迹就会发生。只有在看清楚自己的时候，才能发现唯有自己掌握着自己的命运。这时，你会明白心中的那个自己才是真正的英雄。

只要你在努力，生活就会越来越好；只要心中充满激情，你的未来就有希望；只要对生活拥有信心，心中就会充满爱。人生有许多挫折，每次面对挫折的时候你只要想反正都会过去，一切都无所谓。这也是在要求你勇敢面对挫折。可能很多次你都感觉自己不会成功，你也许会后悔自己为什么要走上失败的"绝路"。可那时的你都已经在"绝路"上了，就干脆大义凛然一些，也许就"绝处逢生"了呢。

没有英雄出来救你，只有你自己。永远不要放弃，当你能直面险境时，你会发现，恐惧的力量正在减弱，只有你能做自己的英雄。

虽然生活中的你我都不完美，但要一直努力下去，因为这就是我们必须要坚持做的事："永不放弃，做自己的英雄。"

端木向宇

2015 年秋于木斋

目录

Contents

第二辑

看清自己的价值，让你的光芒闪耀起来

第三辑

只要你的信心尚在，一切都会好起来

第四辑

你变优秀了，好运自然就爱上你了

第一辑 你未来想过什么样的日子，
完全取决于自己

你选择怎样的道路，决定你将拥有什么样的人生。你在一件事、一段关系上投入了多少，决定你能承受多大的压力和坚守多长时间，决定你能取得多大的成功。

1. 你想过什么样的日子，完全取决于自己

不是生活选择了你，而是你选择如何去生活。我们有必要先停下手头的工作，安静地为自己的前程好好思量一番，为自己寻找一条幸福之路。

每一天，你选择生活。但是，你是否每一天都过着想要的生活？我们在选择生活的同时，可能会被环境左右，而我们又会觉得生活受到了环境的牵制。想过什么样的日子，完全取决于自己。

因为一个人的成功，取决于对待生活的态度和方式，你是在逆境中成长，还是随波逐流。这就造成你在生活中，感受到幸福或是不幸。其实，不是你选择什么样的生活，而是你拿什么态度去对待生活，从中收获的生活品质和处世结果都不相同。我们要明白，不是生活选择了你，而是你选择如何去生活。我们有必要先停下手头的工作，安静地为自己的前程好好思量一番，为自己寻找一条幸福之路。我们知道，城市里的灯光永远比郊区的灿烂，想要在万家灯火中发出自己独特的光，那不仅需要拥有能力，还要具有一些勇气。

　　小君是刚从学校毕业的大学生，他拥有一份稳定的工作，所在的"三线"小城不大也不繁华，这里的人们不像大城市那样拼命工作。双休日空闲时，河边的各式茶室坐满聚会、打牌与闲聊的人群，可这样的休闲生活影响不了小君。他时常想要过与别人不一样的生活，因为他知道：现在不努力，未来不给力。

　　充满勇气的小君准备利用工作之余开设一个补习班，补习对象主要是初、高中生。当时他的朋友劝告他：算了吧，你又不是没工资，何必多受那份辛苦，何况此举是创业，对于没有创业经验的小君来说，更是难上加难。从场地租借到工商登记，从办班资质到教育系统备案，每一项都十分烦琐，而他却乐在其中，奔波于创业的愉悦中，似乎并不为开设后经营的事担心。

　　那段时间里，补习班还是个新行业，全市也找不出几家，对于这份事业的前景，小君的朋友们都不看好。他的家人也并不是很支持，空荡荡的补习班里也没个帮手，只有小君一人在看店。可他就是有股蛮劲，不气馁也不放弃。由于小君踏实、热情的作风，补习班人气越来越旺。他的补习班逐渐从最初的三两个学生增加到三十几个，收费也从打折促销到升级服务，仅一个暑假就使他成了小有名气的行家。大伙都开始叫他"校长"，虽然是个小补习班的校长，但这也是他人生中的第一桶金。

　　当小君为补习班的学生操劳，自己忙碌得彻夜备课全天无休时。他以前很多的同学都在与女朋友花前月下，忙着玩乐和谈恋爱。结婚谈恋爱这些事对于小君来说，水到渠成急不得，也不愿花那个时间。哪位姑娘不想嫁一个勤劳肯干又事业小成的年轻小伙呢。当爱情来时，自然而然地就成了。

　　小君承受了其他人承受不了的委屈，在他需要别人理解、安慰和鼓励时，他选择了自强。当消极来临，他又看到了阳光和关爱。他通过在不断地转化中寻找成长，当身边的人脆弱时，他就成了别人依靠的肩膀。曾经有人对马云说："我佩服你能熬过那么多难熬的日子，然后才有今天这样的辉煌。你真不容易！"马云却说："熬那些很苦的日子一点都不难，因为我知道它会变好。我更佩服的是你，明知道日子一成不变，还坚持几十年照常过。换成我，早疯了！"

　　没有钱，不要紧，只要选择了方向就不放弃地走下去，总有一天是可以取得成功的。成功人士能拥有很多的财富，这些都是通过吃苦耐劳拼来的。而其他人在同样的时间里，荒废了时间，所以他们的生活依旧没有改变，可能变得更糟，非但不会从自身找原因，只会抱怨这个社会的不公平。其实，人们总是希望回报多于付出，而事实恰恰相反，因为只有加倍付出时，你才可能得到更多。

　　成功之花，人们往往惊羡它现时的明艳，然而当初它的芽儿却浸透了奋斗的泪泉，洒满了牺牲的血。你选择怎样的道路，决定你将拥有什么样的人生。你在一件事、一段关系上投入了多少，决定你能承受多大的压力和坚守多长时间，决定你能取得多大的成功。和大伙一样，年少的时候我们疯狂地喜欢"带我走"三个字。现在，我们再也不会任性地让任何人带走，成长后的我们学会了独立，学会了自己走。

　　所以，你是选择辛辛苦苦过舒服日子，还是舒舒服服过辛苦日子？人生是没有对错的，只是不同的选择，会引领你走向不同的道路，有时平坦，有时坎坷而已，这都将成为你的人生历练。就像有些苦，不值得抱怨。因为你要知道，它们迟早会变好，过什么样的日子，完全取决于你自己的选择。

2. 人生就是一场长跑，你坚持自己的节奏就能赢

人生就是一场万里长跑，重要的不是跑得有多快，而是能跑出自己的节奏。如果累了，就请休息，休息好了再继续跑，总有一道靓丽风景是为你而存在！

人生就是一场长跑，不到最后谁都不知道谁会赢，然而在这之前，我们要学会等待，享受平静中的点滴感动。也许有时候我们摔倒了，别人在旁边嘲笑，你也要报以微笑，相信他是在向你微笑，高高兴兴地站起来，平静地等待。然后，开始为自己奔跑。

"龙非池中之物，趁雷欲上九霄，蓄势待发。"想在人生这条路上，如飞般自由洒脱地奔跑，前期需要做好充分准备，无论是知识储备还是丰富的生活经验，都将有助于你进入自己的跑道，来一场酣畅淋漓的奔跑。不要过早地担心你此时此刻的付出得不到回报，有些付出是为了保存体力，以备在适当的时机下，跑出惊人的成绩。

跑步是需要技巧的，它直接影响着你能否在自己的生活中，有所收获。跑得太快，容易后劲不足。跑得太慢，就会落伍；中途退

出，就会断送以前的努力。不参加，就没有赢得比赛的机会。无论我们老骥伏枥，志在千里，还是在生活的道路上小心谨慎，憧憬完美，总有一天会明白：人生没有坦途，生活就是历练，福祸同行，甘苦相兼才是常态。

有这样一个故事：

在海边的一个城市里，有两位爱喝酒的老人叫帕亚和罗伊。他们常常为喝不到上等的佳酿而遗憾。一个会酿酒的酒庄老板知道了他们的心事后，向他们传授了酿酒之法。这种酒要选立秋那天收割的米，与第一场春雨的水珠调和，注入装有千年陈醋的陶瓮，再密闭九九八十一天直到最后的一天三更后才可启封。

于是，帕亚和罗伊按照酒庄老板的指点，准备好所有的材料。他们精心地做好一切，然后将酿品密封在陶瓮中。在大雁南飞的时候，第八十一天到了，帕亚和罗伊都兴奋不已，等着三更的响声。远远地传来一更声，不久，隐约听见了二更声。帕亚焦急地走来走去，他再也忍不住了，迫不及待地打开了陶瓮。这时，一股酸味扑鼻而来，他失望地坐在地上，垂头丧气。而此刻的罗伊也是心急如焚，他几次想伸手打开陶瓮，可最后还是忍住了，一直坚持到三更天。当他打开陶瓮闻到了扑鼻的酒香，他喝到了甘甜清澈的佳酿！

许多人的成功往往在于能比别人多一份坚持，也许是一年，也许是一天，也许只有几分钟，帕亚没有耐心等待他的成功，而在迫不及待中，失去了他应该享受到的美酒，并让前面的那些努力都付诸白费。而罗伊虽然也受着等待的煎熬，但他能压制住自己的欲望，最终收获了成功。

人生如长跑，需要我们长期坚持不懈，只有坚持，才会拥有成功。不灰心，少抱怨，沉着以对，活着，就必须勇于面对苦难；前行，就必须坚强承受伤痛。

我们都在人生路上奔跑，寻找适合自己的速度。我们总是在赶超一些人，也总在被一些人超越。这时一瓶清凉的水，就能带来幸福的感受。有时会筋疲力尽，感到寂寞孤独；有时选择的道路铺满荆棘，会遍体鳞伤。此时你可以停下来欣赏美丽的风光，体会人生的感悟，然后继续向前行。

王亚平出生在山东烟台一个美丽的小山村，那里有漫山遍野的樱桃，父母是地地道道的农民。她从小要强、好学，不仅学习好，体育也棒，擅长长跑。她曾经梦想成为一名医生、律师。但17岁高考那年，她抱着试试看的心理，报名参加了女飞行员的选拔，没想到竟顺利通过体检，并收到飞行学院的录取通知书，幸运地成为全国第七批37名"女飞"中的一员。从此她与飞行、与蓝天结下了不解之缘。

空军飞行学院的生活是艰苦的，入校第一天，她就被迫剪去长发，来不及悲伤，就投入到了紧张的理论学习及艰苦的军训中。那时候，面对枯燥的理论及高强度训练，好强的她始终咬紧牙关。拉练、跳伞、游泳等特训科项目更是不甘落后，能争第一不做第二。特别苦时她也曾偷偷哭过，但不服输的她总是擦干眼泪，又继续训练。两年后，她顺利地进入哈尔滨第一飞行学院，开始了真正的飞行生涯。

通过层层严格的选拔，她成为我国首批女航天员。她十分珍惜这得来不易的机会，努力投入训练。2012年她成为神舟九号任务乘组成员。第二年，她成功入选神舟十号航天员，与聂海胜、张晓光一起，进行为期十五天的飞行任务，她成为我国第二位女航天员。

回顾十几年飞行生涯，王亚平笑着说："人生就像一场长跑，我在飞行这条长跑路上，有困难，有险阻，但这里的风景也独一无二。我会继续飞下去，因为只有坚持，才知道哪一站的风景是最美丽的。"有一些人乐此不疲地奔跑着，他们有着自己的目标和方向，为了家庭的幸福，为了事业的成功，为了生活的甜美……

无论你以何种方式行走在人生路上，总要有一次是为自己在奔跑，为了心中的梦想，在抵达遥远的终点时，你不因疾进而不堪重荷，也不因缓行而空耗生活。人生最大的快乐，应该是走自己的路，看自己的景，超越他人时不得意，他人超越你时不失志。

所以，人生就是一场万里长跑，重要的不是跑得有多快，而是能跑出自己的节奏。如果累了，就请休息，休息好了再继续跑，总有一道靓丽风景是为你而存在！从我们出生的那天起就开始了这场长跑，而在长跑中，我们会遇到一些坡坡坎坎，小坡或者大坡、陡坡，而这些地方就是容易产生差距的地方，这些地方是不多的，而在这些地方咬紧牙关走下去，就会甩掉一些竞争者。一时的落后并不能算什么，跑到最后才是赢家。

3. 有一种舍弃，是为了给更大的成功腾空间

或许你选择的正是可以载你驶向成功彼岸的小舟，只要你的舍弃是无愧于自我的，那么你就去大胆地选择吧。因为只有舍弃自己所拥有的，才能得到比原来更多的东西。

我们今天的放弃，正是为了明天的得到。摒弃心中无谓的虚荣与浮躁，在平静中对视自己的人生，在平凡中领悟生活的真谛，在浮华的世界里还原自我。我们只要真正把握了舍与得的机理和尺度，就等于把握住了人生的钥匙、成功的门环。

在人生的风雨之中会有无数的路，有的路选错了也不会影响到最终的结局，但有的路选错了就会留下终生遗憾。正如伟大与渺小，天与地，水与火。选其一，这便是取舍。

人生好比一份有着大量选择题的试卷，有时候 A 和 B 你都舍不得放手，但是这一道道单项选择题却在暗示你：你必须舍弃！面对"鱼和熊掌"的抉择。其间的取舍往往需要太多的勇气和智慧。但是不懂得舍弃，轻则会带来生活中的一次次的伤痛，重则是人生长河

永远的遗憾。

在西雅图的海边，有一个人在岸边垂钓，旁边有几名游客正在海边欣赏着风景，同时也好奇地看着这些垂钓者钓鱼。只见其中一名垂钓者用手中的渔竿往海里一扬，没过一会儿海面上的浮标就上下起浮，他用力一提，钓上一条大鱼，这条鱼足有两尺多长。这条鱼落在岸上后，仍腾跳不止，如果做鱼汤应该十分鲜美。可是这位垂钓者却用脚踩着大鱼，不紧不慢地从鱼嘴里解下钓钩，顺手将鱼丢进了海里。

周围围观的游客们一阵惊呼，难道这么大的鱼还不能令他满意？就在众人屏息以待的时候，垂钓者又是鱼竿一扬，这次钓上一条一尺长的鱼，钓者仍是不看一眼，顺手扔进海里。第三次，钓者的钓竿再次扬起，只见钓线末端钓着一条不到半尺长的小鱼。围观众人以为这条鱼也肯定会被放回，不料钓者却将鱼解下，小心地放回自己的鱼篓中。

游客们百思不得其解，就问钓者为何舍大而取小？这名垂钓者回答说："喔，因为我家里最大的盘子只不过一尺长，太大的鱼钓回去，盘子也装不下，所以只好要小的，其实小鱼挺好，做起来也没那么麻烦。"

知足的人，当看到自己的欲望难以达到时，懂得理智地抑制不切实际的欲望，因而"只知耕耘，不问收获"，这样的人一般不会欲壑难填，不会犯人心不足蛇吞象的错误。只有像这位垂钓者那样，只取所需，才不至于好高骛远，迷失方向，才能保持一种沉静平和的心境，不会将自己弄得心力交瘁。

舍是无奈的，舍可能是痛苦的，对于一次又一次的取舍、抉择，你也曾犹豫过、徘徊过甚至受过伤、落过泪。但是从另一角度来看，有时舍弃也是一种选择。或许你选择的正是可以载你驶向成功彼岸的小舟，只要你的舍弃是无愧于自我的，那么你就去大胆地选择吧。因为只有舍弃自己所拥有的，才能得到比原来更多的东西。

所以，只有懂得取舍的人，才是真正的智者。人的一生都会经历过两难的选择，既然选择了就有取舍。选择总是要经过煎熬，有时候就要舍弃对过去所拥有的或所适应的。人们常常会选择一种东西，一旦发现有更好的，就会舍弃前者。当我们同时对两种事物感兴趣时，我们必须懂得取舍，这样我们的生活才会更加多姿多彩。生活中，有种种不同的磨难在我们的身边，有许多的难题摆在我们眼前。有时我们会选择持之以恒；有时我们会舍弃，舍弃也许会使我们更加轻松。

4. 暂停一下匆匆步伐，你转身便能发现更美的风景

人生何尝不是如此，我们总是步履匆匆，去寻找未来美好的事物，很少找一个停下来总结、思考、回望的理由和机会。我们一味地向前走着，错过的不仅仅是风景，还有原本可以改变你人生的机遇。

在生活中，我们总是喜欢向前，有时是没头有脑地走着，没有方向感的你，总认为前面的风景更美丽。也许在不停地追求中能让自己有成就感，但当你一个不经意的转身后，或许你会发现，最美的风景原来就在眼前。

我们都有一往直前的能力，却没有回头转身的勇气。疲累的生活每天都在折磨着我们的意志，时间不断地向前，带领着我们也必须惯性地往前行。在这条无法停止的输送带上，你是否曾经想让它停下来？很少有人会在清醒时回眸自己，若你要开始回忆了，别人又都会说：你老了。

真的是这样吗？我们无法停下来看一下身后那些风景，在人生

不同的时光里，度过的是一个个不同的阶段，每个阶段都有一些不同的期待，而每个阶段的你，所观察到的这个世界，都有所不同。当我们在享受收获的果实时，必须要经过前期路上的艰苦，这也是伴着你成长的经历，它的风景由自己修筑，那一砖一瓦都是由拼搏而来。年轻的我们会有这样一种冲劲，想为自己的未来穿上华丽的锦衣，故而我们向自己的能力发出挑战。

刚从电子专业毕业的小雪，由于没有经验，最终在私企里只找到一份技术部文员的工作。这份工作不是特别复杂，还算轻松。公司里对待新员工都是从打杂的工作开始，小雪按照她自己和善的性格，努力做着各项打杂的事。一些搞技术的人员也喜欢她，差遣她做一些其他工作。比如让她到仓库拿一些材料，让她帮忙修改图纸，或者做一些样品。只要有人叫她，小雪都会很乐意地配合，不过她并非是一味地帮忙，而是会"顺便"看别人具体如何操作，不懂的地方，还会主动向老员工请教。

小雪与人为善，她的好人缘逐渐得到大家的肯定。也因为她有求必应，所以大伙也都乐意向小雪解答一些技术上的问题，甚至一些核心技术也不对她设防。几个月下来，小雪不仅掌握了技术员的工作流程，而且对所有人的工作内容都一清二楚。有一次，技术部的一名技术员因病住院，做了一半的设计工作就此搁置。小雪见此机会主动向上级请缨，完成了剩下的工作，这让领导对她刮目相看。当小雪试用期满，提出想要调岗做技术员时，领导就欣然同意了。

作为新人总容易成为别人支使的对象，其实这也没什么不好，顺便多学一点东西，以后总会用得着。有些人会说，开了这个头，以后岂不是有帮不完的忙？放心，当你不再是菜鸟时，别人自然不敢再让你帮忙。另外，就是帮忙，也要永远排在本职工作之后；否则，只会越帮越忙，让你失去方向。

带有智慧的工作，让成功事半功倍。如果小雪仅是碌碌无为做着分内的技术部文员的工作，那么她就会一直在文员的位置上无法提高。虽然烦恼总会不请自来，可压力一定是自己找来的，当她不甘于打杂这些小事时，她就成功实现了自己的华丽转身，成为一名真正的技术人员。

人生何尝不是如此，我们总是步履匆匆，去寻找未来美好的事物，很少找一个停下来总结、思考、回望的理由和机会。我们一味地向前走着，错过的不仅仅是风景，还有原本可以改变你人生的机遇。

所以，转下身，你或许能发现更美的风景。这道风景可以是不同时间的产物，也可以是自己创造，因为每个人都在向前，而前方的路又由各种因素而影响着你选择的方向。是明天比今天更好吗？却不知许多美好的时光，因为我们没有好好把握，而永远离我们远去。在路上的我们，请时不时地停下前行的脚步，不要急着赶路！留下充足的时间，回味我们一路的风景，驻足眼前的美丽，让自己喘息、沉静，从内心发现真我的所在，找到心灵安放的位置，然后再前行，这是为了下一步走得更踏实、精彩！

5. 人生赢在转折点，你要埋头苦干更要抬头看路

汤木在《将来的你，一定会感谢现在拼命的自己》中写道："有些风景，如果你不站在高处，你永远体会不到它的魅力；有些路，如果你不去启程，你永远不知道它是多么的美丽。"

我们低头，不是委屈自己，而是勇于接受伊始的不成功，给自己一点儿自信与勇气，你为之奋斗的一切不会是枉费苦心。你是否先看准方向，然后再执着地追求？依靠"胸怀大志，腹有良谋"，有了正确的方向和有效的方法后，成功就离你不远了。

人生有三种境界，第一"落叶满空山，何处寻芳迹"，第二"空山无人，水流花开"，第三"万古长空，一朝风月"。在茫茫的世界中，寻找自己的人生目标，这岂止一蹴而就。有时迷茫多过于清醒，浑浑噩噩的日子是最不堪的回忆。今日重复着昨日，明日又如今。你不是不想改变，而是恐惧改变，怕越变越糟糕，故而守着自己的一分薄田，日复一日的半饥半饱。春播秋收，家传祖业殷实的不愁饥荒。唯有手中无田无粟的人，才更容易用自己的方式，创造出

财富。

　　绝处总能逢生，始终把自己定位于陷入背水一战的绝境，没有后路的依赖，只有努力向前，才能闯出一条新路。也许，我们被每日烦琐的工作所困，碌碌无为。在此，你除了拥有一颗固执的"心"以外，还要有更多的睿智；除了不懈地追求进取外，还要注意拼搏的方式和手段。成功不是赢在起点，而是赢在转折点，在埋头苦干时，一定要抬头看清周围的环境，不要让你能赢的机会从自己手中溜走。

　　从前有两只蚂蚁，它们很想翻越一段墙，在墙的那头寻找食物。其中一只蚂蚁来到墙脚，毫不犹豫地往上爬去，可是每次当它爬到大半时，都会由于劳累而跌落下来。可是它不气馁，一次又一次地跌下来，又往上爬，然后继续调整自己，重新往墙上爬。正在此时，另一只蚂蚁却不急于上墙，它观察起来周围环境来。当它发现这只是很短的一段墙，不需要往上爬，就可以轻松地从墙角绕过去。它很快就取得了食物，开始享用起来。而先前的那只蚂蚁，还在不停地重新开始往上爬。

　　这个故事从另一个角度说明，要实现远大的理想或是达到自己的奋斗目标时，不仅需要积极进取，还需要运用正确的方法。"我们既要低头拉车，又要抬头看路"，低头拉车是踏实苦干，持有端正、积极的生活态度。而抬头看路，是能明辨方向，避免走了错路和弯路。"低头拉车"与"抬头看路"，两者相辅相成，缺一不可。

　　第一只蚂蚁是个实干家，它有着不放弃的精神，也许它最终能爬过墙头到另外一边去收获它的食物，也可能它因坚持不住，而身亡于墙角。人生脆弱，应该量力而行，蛮力过关，不过是一种牺牲。它在付出劳动的同时，忽略了自身的能力。

是什么能改变你？是你所选择的环境，人生有高峰与低谷。"莫为浮云遮望眼，风物长宜放眼量。"不要活在别人眼里，而是把命运握在自己手里。每颗珍珠原本都是一粒沙子，但并非每一粒沙子都能成为珍珠。人生就是一连串的放弃与选择，然后选择最适合自己发展的那一个方向，勇往直前。

晓程是一名画师，他来到北方这座城市已快半年，感受着这个城市的四季表情，从刚到时的郁郁葱葱到如今的白雪皑皑，春天也快来了吧，他在自己的心里默然叨着。前些天，气温偏高，融化的积雪下面露出一片绿色的草地。来自南方的晓程，虽然不太习惯这个银装素裹的冬天，因为离家越远，他就越感到孤单无助。

他像所有怀着梦想的年轻人一样，渴望成功，渴望能够出人头地。他天真地以为，只要自己肯努力，就不愁自己的绘画作品卖不出去。可是待在北方的城市这么久，他的艺术之路依然没有起色，虽然他十分勤奋，也发行了一本画册，但他是新人，没有什么知名度，作品再好也鲜有人问津。面对失败，晓程安慰自己是火候不到，还需继续锤炼，他相信用不了多久就会从阴霾中走出来。于是，他苦苦坚持了两年，结果生活更加潦倒，时常付不起房租，忍饥挨饿于街头。

这一天，心情十分郁闷的他，决定去郊外寻找灵感。迎面遇到一位车夫，低垂着脑袋，只管用力地拉着一辆破旧的板车，全然不顾自己逆道而驰。路上的行人纷纷向这位车夫呵斥："这个人怎么回事，也不抬头看路，只知道埋头拉车，一定会闯出祸来。"果然，人们的语音未落，就见一名路人躲闪不及被板车撞了个正着。

这一幕如同醍醐灌顶，让晓程眼前一亮。自己不正是像这位只知道埋头拉车，而不知道看路的人吗？一直拼命地工作，而从不去关心市场的需求。也许他画出了几件佳作，但不懂经营的他，无法正确定位自己。多年都未成功，就像在逆道上前行，既劳累又困难重重。不如改变自己的生活，尝试新的行业。

于是，他放弃了当一名纯粹的绘画匠人而将他的绘画运用于室内装潢中，通过他务实的态度和扎实的美术功底为自己赢得了不少客户，他的装潢公司生意越来越红火，晓程也从原先的小画师到现在的职业设计师，他依靠积累实现了自己的创业梦想，他的装潢设计公司颇有知名度。

汤木在《将来的你，一定会感谢现在拼命的自己》中写道："有些风景，如果你不站在高处，你永远体会不到它的魅力；有些路，如果你不去启程，你永远不知道它是多么的美丽。"

所以，每个人都像一辆车，要把这车拉稳拉好，不仅要低下头、铆足劲儿，还要抬头看路，找准方向再前进是很重要的事，因为人生的路尽管漫长，关键之处也就那么几步，只要将这几步看准了、选对了、走好了，才能不摔跤，不翻车。在成功之前，我们总会经历一段寂寞而孤独的旅途，你能顺利到达人生的彼岸，攀登应有的高峰，这都要自己走过黑暗与苦难。凡事须坚持、凡事须忍耐、凡事须尽力。千万不要拿着别人的地图，寻找自己的路。你在抵头拉车时，一定要抬头看路。

6. 趁未来还属于你自己时，去创造属于你的机遇

我们不能只因一次的无意收获而执迷不悟，浪费光阴，也不能以"幸运者"的身份去默默待机，而要以"创造者"的身份去寻找机遇、抓住机遇、把握机遇。

当你偶尔对自己人生失望时，你会沮丧、抱怨不公平的老天爷。如果这时你想一想自己已经拥有的一切，马上就会纠正自己的心情。不再怨声载道，而是高高兴兴地生活下去。也许，你也喜欢把这一种快乐当成正能量，将它传播给你身边的每个人。

对生活微笑吧，这样你能察觉它的美。你给生活一些甘露，整个世界都会美好起来。沙漠中的蒲公英，看起来有一点儿像药店里卖的野山参，它干瘦的主枝蔓上分出四五个枝丫，饱满的花就开在这些行将枯槁的顶部，缺乏水分的叶子，干瘪瘪地耷拉着。它为了保存自己，而迎合恶劣的环境，在贫瘠的沙漠里，唯有它金黄色的花朵，盛开在风沙里无比灿烂。

当地人喜欢把沙漠的蒲公英当成礼物送给拥有智慧而又贫穷的

人，他们认为，在这世界上，穷人发展自己、提升自己的机会就像这沙漠的蒲公英一样少，但他们若具有沙漠蒲公英的品性在机会来临的时候，果断地抓住，大胆地去做事，同样能成为一个富裕和了不起的人。

比尔·盖茨很欣赏老洛克菲勒说过的："即使将我剥光衣服一文不名地丢在沙漠里，只要有一个商队经过，我也可以很快变成亿万富翁。"这一句话激励着他成为世界首富。比尔·盖茨拥有好多个"世界之最"。他是第一个靠观念、智能和思维致富的人。也是有史以来最年轻的世界第一富翁。他开发利用高科技和高智商，创造巨大财富，这与他擅于抓住机遇分不开。

在美国西雅图比尔·盖茨度过了他的童年时光，还是孩童的他喜欢看书，他也常会陷入沉思，为什么文字这种符号能把前人和世界各地，无数有趣的事情都记录下来，又能传播出去？人类随着时间在不断地发展，那么百科全书岂不是越来越重？要能造出一个烟盒那么大小的魔盒，用来装百科全书的话，那该有多方便。

许多奇思妙想，从盖茨的脑袋里蹦出来。在他四年级的时候，他对同学卡尔说："与其在千篇一律的草坪里当一棵小草，不如做高大挺拔的橡树，能昂首苍穹。"盖茨具有同龄人没有的忧患意识，他在自己的日记里这样写道："也许人的生命是一场正在焚烧的火灾，一个人所能去做的，就是竭尽全力要从这场火灾中去抢救点什么出来。"

他总能把自己的想法付诸行动。无论学校的任何功课，他都全心全意花所有的时间去出色地完成，一次老师给他布置了一篇关于人体特殊作用的作文，要求写四五页的篇幅，结果盖茨利用他父亲书房里的百科全书及医学、生理、心理方面的书籍，洋洋洒洒地写了30多页。大家都说他，不管做什么事，总喜欢登峰造极。

1973年，盖茨被美国哈佛大学录取。第二年，正遇世界第一台个人电脑问世。他觉得这是一次百年不遇的机会。然后，他决定从哈佛退学，与好朋友保罗一起成立自己的公司，取名微软公司。1981年，当时最大的计算机公司IBM公司展出的新型个人计算机，轰动一时，而提供语言程序的正是盖茨的微软公司。

年仅26岁的比尔·盖茨成为个人电脑软件方面的领导者，他也由此一举成名。有记者问盖茨如何才能把握机会。他说："珍惜时间、勇于拼搏、相信自己。"在盖茨的眼中，机会不是"投机"，他把自己的所有精力都集中在对事业的追求上时，他也从社会大众、人们的根本利益与需求来考虑，这样做的好处是，让他能拥有更多的"机会"。

不少成功的人是依靠机遇去获得成功和财富，而失败的人可以从黑暗中看到希望，倚着机遇来重返光明，获得新生。不可否认，最能干的人就是善于攫取机会，运用机会，征服机会，驾驭机会为自己服务的人。他们在获得财富的同时，首先想到的是谁给了他致富的机会，是广大的人们。比尔·盖茨能持续成功的秘诀是取之于民，用之于民。

然而，人们往往会缺乏对周围环境的思考和对未来的预知，从而坐失良机。

项羽和刘邦先后攻入咸阳。当时项羽率40万大军驻扎在咸阳外的新丰鸿门，刘邦仅有10万人驻扎。两军相距很近，此时的项羽气势正盛，消灭刘邦的势力可谓易如反掌。但在"鸿门宴"上，项羽优柔寡断，一再放弃杀掉刘邦的机会。他还听信了"仁义"之说，放走当时处于绝对劣势的对手，封刘邦为"汉王"。

谋士范增在席间多次暗示项羽杀刘邦以绝后患，可自大的项羽，十分轻敌，他认为刘邦是小卒，不足挂齿。随后，项羽又从咸阳引兵东归彭城，打算回乡炫耀一番，以致贻误战机。刘邦借机日益壮大他的势力。最终，四面楚歌之声把一代西楚霸王项羽逼得洒泪与心爱的虞姬诀别，落得乌江自刎的结局，令人唏嘘。

项羽兵败身亡的悲剧固然还有很多因素，但与他在鸿门宴上坐失良机不无关系。当项羽放走刘邦后，范增生气地说："实在不能与这个小子谋划大事。"其实，在机会面前人人都是平等的，只是看你有没有把握机会的能力，若你与机会擦肩而过，也不用叹息，摆正自己的心态就好。

获得机遇的人也不一定就能成功，还需要把握机遇的能力和持之以恒的心，机遇永远都是光顾有准备的人，抓住机遇的人都是生活的强者，他们的成功必定付出了自己的血与汗。在生活中也有不劳而获的人，但那只是一种巧合，并非能长久。我们不能只因一次的无意收获而沉迷其中，浪费光阴，也不能以"幸运者"的身份去默默等待机会，而要以"创造者"的身份去寻找机遇、抓住机遇、把握机遇。

　　所以，你要像沙漠里的蒲公英那般，感受雨水与阳光的赋予，当机会来时，一定要抓住。沙漠里的蒲公英，它生长在地中海东岸，是不按季节舒展自己的生命，而在雨水落下的时候，迅速结出自己的花朵，并在雨水被蒸发之前，做完受孕、结子、传播等所有事情。如果没有雨，它们一生一世都不会开花。机遇是生活中不可缺少的重要元素，趁你的未来还属于自己的时候，抓住它吧！

7. 你要发掘自己的潜能，关键是要选对努力的方向

你能否发掘出自己的潜能，重要的是你是否选对了方向。方向在人的一生中所起到的作用至关重要。你的潜能需要在不断选择中受到激发。

许多时候，我们想要获得成功，仅凭热情和努力是远远不够的，还需要选对成功的方向，然后朝着明确的方向，发掘出自己的特质，发挥好自己的长处，从而获得满足感和自信，这才是你一生都用不尽的宝藏。

人的潜能是无限的，想要发掘出自己的潜能，首先，要正确看待自己。给自己确立一个理想的目标，认真思考这个目标需要什么样的条件，然后坚持努力，发现在每一次教训中我得到了什么，之后你所得到的是无穷支持，而这种支持是保证你激发自己潜能的最基本要素，要做好一件事，就一定要让它成功。

每个人都曾经历过看似没有任何进展，甚至退步、痛苦不堪的时候。这些都只是一时的障碍。如果发生了这种情况，切记你最高

的潜能，想想你的目标，咬紧牙关，不必哭泣或愤怒，继续努力。隧道的尽头就是光亮，漫漫长夜之后就是黎明。

有一只小鹰，它从小就是跟鸡群长大的，所以它一直就认为自己是一只鸡。有一天，它的主人真正要放飞这只鹰的时候，怎么打，怎么骂，怎么给它吃的，诱惑它都不行，它就认为自己是鸡，飞不起来，最后这个主人失望了，说白养了一只雏鹰，一点用处都没有，把它扔了吧。他就把这只鹰带到了悬崖边，一撒手，小鹰垂直向悬崖底下掉下去。

就在坠落的过程中，这只鹰扑棱扑棱翅膀，在未坠地之前，突然飞起来了，这是为什么呢？是因为在悬崖坠落这样的一个高空的落差中，它的天性被恢复了，它知道翅膀是有用的。在过去养育它的过程中，主人一直把它和鸡群喂在一起，小鹰没有机会用过它的翅膀。我们有多少人在成长的过程中，一定有某种潜能从来没有被开发出来。

由于缺乏信心和勇气、自卑、懒惰、安于现状、不思进取，自我埋没的现象也相当普遍。如果我们能多给自己一点刺激，多一点信心、勇气、干劲，多一分胆略和毅力，就有可能使自己身上处于休眠状态的潜能发挥出来，创造出连自己也吃惊的成功来。

失去听力的邰丽华，拥有一个梦想，能登上艺术的殿堂，成为一名艺术家。在她心中，舞蹈是一种看得见的彩色的音乐。舞蹈是一种能够表达她内心世界的美丽的语言。她对舞蹈产生了深深的迷恋，同时她也渴望拥有一双自己的舞鞋。然而她也深深地知道，自己是一个残疾人，有着比普通人更难以承受的不便。

就在邰丽华2岁的时候，因为高烧，她永远失去了听力，从那以后，她就一直生活在无声的世界里，直到5岁那年，她才感受到自己与常人的不同，她只能看到这个世界，而无法听到这个世界发出的任何声音。7岁时她被送进了宜昌市聋哑小学，学校里有一门特殊的课程叫律动课。老师会踏响木地板上的象脚鼓，把震动传达给站在木地板上的聋哑学生。"嘭、嘭嘭！"这有节奏的震动，通过双脚传遍了邰丽华的全身。就在那一刻，她震颤了，这是从未有过的体验，就像一股电流，在她的心中撞击出幸福的感觉。

她每天都要挤出时间练习舞蹈，就算身上布满伤痛，新伤盖住旧伤，她也不放弃。她最害怕母亲发现她身上的伤后会心痛，就刻意天天穿着长裤掩饰。作为一名聋哑舞蹈演员，15岁时她就随中国残疾人艺术团出国访问演出。虽然她的艺术道路洒满了艰辛和汗水，更多的却是铺满了阳光和梦想。

1994年邰丽华考上了湖北美术学院，学习装潢设计。她成了这所普通学校里的聋人学生，无法听老师讲课，她就坐在第一排，用眼睛看，看老师的口型，看老师的板书。下课以后，她借来同学们的笔记本，认真抄写领会。因为有听力障碍，她只能比同学们更加努力。四年的大学生活飞快地过去了，她不仅以优异的成绩拿到美术专业的大学学历，同时获得了文学学士学位。大学毕业后，邰丽华被分配到武汉市第一聋哑学校，成了一名人民教师。现在她是中国特殊艺术协会副主席，也是2005年的春节晚会聋人舞蹈《千手观音》的领舞演员。

邰丽华身体残疾，她克服了普通人所无法达到的艰苦。她耳朵失聪，却没有自暴自弃，而是选择了一条她喜欢的舞蹈之路，在这条路上她发掘出了自己的宝藏。激发了自己的潜能，其实不需要什么烦琐的手续。只是我们平常人往往忽视了自己的潜能开发，尤其是平时无所事事，生活中没有方向和追求的人。如果你此时正在为自己碌碌无为而大发感叹，那你不如尝试选择一个新的方向，展示自己擅长的一面，从而找回自信，让自己的生活更精彩。

所以，你能否发掘出自己的潜能，重要的是你是否选对了方向。方向在人的一生中所起到的作用至关重要。你的潜能需要在不断选择中受到激发。当你取得一定进步时，可将其归功于自己的努力，这样激发自己想进一步取得成功的欲望和继续努力所需要的动力。你可把这当成自己能力强的体现，让自身产生满意感，增强成功的信心。如果偶有失败，我们也大可在轻轻一笑中把失败归结于任务太重或运气不好，这样使自己获得心理平衡，也可鼓励自己更加努力。当你成功后会发现，你的宝藏原来就藏在自己的内心深处！

8. 你不想自毁前程，就千万别对自己说不可能

当你对未来说不可能时，你就可能丧失了自己的梦想。如果你不勇于尝试，那些看似不切实际的梦想，就永远不可能得以实现。

你要知道，不管你觉得自己有多少的不幸，在这个世界上，总还是有人比你更加不幸。当你遇到困难的时候，是选择坚持到底还是选择就此放弃。但是，只要你坚持去做，没有什么是办不成的。

我们确实活得很艰难，要承受生活中各种压力，还要面对自己困惑不已的内心。每个人都在自己的生活中挣扎，唯一能感到幸福的是，我们还活着。我们又往往习惯于现状，过多地受现有条件束缚和被眼前的困难所吓倒，常常会对一个新目标不假思索地说："这不可能。"仔细想想，曾经我们拥有多少梦想、多少计划就是因为我们轻易地说了句："不可能。"而没能实现。

别轻易对自己说不可能，当我们在夜晚向着流星许愿时，那些愿望或许只是个念头、主意、梦想，这些汇总起来，也是你这一生渴望追求的目标。一个人在前进的道路上，或是一个团队在创业的

永不放弃，做自己的英雄

030

过程中会遇到这样那样的困难，甚至有些困难看起来难以克服。意志坚定的人不会望而却步，不会打退堂鼓，遇到困难只会修改方法而不会修改目标。不是为了舒缓情绪张力去降低愿景目标值，而是为了实现愿景目标激发创造性，努力自我超越。这是要想自己的事业成功，所必须具备的基本意志。

当你对未来说不可能时，你就可能丧失了自己的梦想。如果你不勇于尝试，那些看似不切实际的梦想，就永远不可能得以实现。特别是已拥有自己的梦想，却不敢去实现的人，是永远也成不了大事的，因为他们连跨出尝试的第一步都不愿意，在他们心中，困难就是"不可能"跨越。

实践是成就梦想最重要的行动力。我们因有梦想而使人生变得伟大。真正的梦想是，我们对人生的一种期望，是我们期许的生活方式，而不是我们想拥有的东西。梦想是我们想成为什么样的人，而不是我们要挂在门面上的头衔。它是我们的心境，而不是外在华丽的卷标。也是我们个人发展出来的格局、视野，而不是护照里琳琅满目的戳记。实现自己的梦想就要将不可能变为可能。

"无腿超人"约翰·库缇斯，出生于澳大利亚，他天生严重残疾，做过双腿切除手术，并被确诊为睾丸癌。在 39 年前，医生们没有指望他能活过一周。可是，库缇斯竟然奇迹般地活过了一周，一月，一年……上学后，他坐在轮椅上充满了对学校的向往。可迎接他的却是同学的戏弄和打击，有的同学把他轮椅上的刹车弄坏了，还有更捣蛋的家伙，把他绑在教室的吊扇上，然后开动吊扇。更可怕的是，有一次，几个恶少绑住他，用胶纸封住他的嘴巴，把他扔到垃圾箱里，还在垃圾箱边点起了火，他弱小的身心受到了巨大的伤害。

读高中时，学校有1700多个孩子，面对3400多条腿，库缇斯每天要谨慎行走，保护自己不被别人踏踩。然而，不管他多么细心，可总是免不了受伤害。在一次幻灯片的课堂上，想上厕所的库缇斯悄悄地从椅子上滑下来，向课堂外移动。但是他每移动一步，手掌就感到钻心地疼。好不容易移出课堂，才发现双手被扎满了图钉。库缇斯痛苦极了，放学回家后，手痛和心痛一起涌上心头，他号啕大哭起来。1987年7月14日，库缇斯做了腿部切除手术，他成了一个真正的半身人，但行动起来反而轻便了。当他的两只手真正变成了脚，他更加懂得如何在生活中前行。

库缇斯拒绝死亡，他觉得生活是美好的，但生活也是有缺陷的，只有不断坚持自己的信念，并相信这个世界是拥有奇迹的，他也从不对自己说"不可能"。在库缇斯对生活失去了信心的时候，母亲深情地抱着他，鼓励他。亲人的爱激起了他坚强活下去的决心。是的，世界一切皆有可能，当你不向生活低头时，生活就充满阳光迎接你。

如今，库缇斯成为轮椅橄榄球运动员、室内板球健将、澳大利亚残疾人网球冠军，还成了世界上著名的激励大师，并且有了心爱的妻子和可爱的儿子。库缇斯去过190多个国家和地区演讲。他的演讲雄伟壮丽、震撼人心，每到一处都掀起泪海与热潮。

所以，你千万别对自己说不可能。在当今这样的世道之下，饱受打击是再平常不过了，而要改变自己的命运，赢得别人的尊重，赢得自己的一点自尊、自主，实现自己所渴望的人生价值，能够在黑暗的现实中生存，能够挑起生活的重担，托付起别人对自己的期望，不能靠别人，不能靠神仙，靠的只能是自己。

9. 要想人前光鲜，你人后必须忍受别人不能承受之艰苦

吃不了苦，就做不成事，哪怕资质再好，也不过是表面的装饰。只有能承受艰辛，才能最终有所成就。成功就是要忍受别人不能忍受的艰苦，在磨炼中慢慢成长。

人生中，有许多许多的痛，在慢慢长大的过程中，越来越剧烈，需要越来越多的能力去承受。那些疼痛，就像竹子身上的节，每长出一段，就是一节，越来越高，越来越壮。成功就是忍受别人不能承受的艰苦。痛，既然躲不开，就学会慢慢地去承受吧！

痛苦就人生而言，常常扮演着不速之客的角色，往往不请自来，有些痛苦来得温柔，如同慢慢降临的黄昏，在不知不觉间你会感到冰冷和黑暗；有些痛苦来得突然，如同一阵骤雨、一阵怒涛，让我们来不及防范；当我们屈服于痛苦的时候，它可能使我们沮丧、潦倒，甚至在绝望中走向灭亡。当我们承受了痛苦，我们就会变得坚强自信，那么，此时，痛苦就变成了一笔无价的财富。

人生中，除了痛苦和幸福之外，平淡占据了我们大部分的生

活。承受平淡，同样需要一份坚韧和耐心，平淡如同一杯清茶，点缀着生活的宁静和温馨。在平淡的生活中，我们需要承受淡淡的孤寂与失落，承受挥之不去的枯燥与沉寂，还要承受遥遥无期的等待与无奈。

荣耀的背后是汗水，掌声的背后是坚持。其实，任何人的成功都不是偶然，也不是全靠运气，而是长期的沉淀、积累和努力的结果。就像一枚果实，需要经过春天花开，夏日青涩，秋日成熟的历程，需要历经烈日酷暑、风霜雪雨的洗礼，方能变得沉甸甸。从某种意义上说，生活本身就是一种承受。

在一座信奉佛教的城市里，一个非常著名的雕塑师，他准备塑造一尊佛像让教徒们膜拜。在一番精挑细选后，他看中了其中一块石头，这块石头不论质感还是色泽以及其他条件都十分好。挑选完后，雕塑师就拿出雕塑工具准备开始工作。没有想到的是，当雕塑师刚拿起锉刀敲琢几下，这块石头就痛不欲生，不断地哀号："痛死了，痛死了，你不要再刻了，饶了我吧。"听罢，雕塑师就只好停工，又将其重新放在了地上。这时，一块质感差一点的石头看见了雕塑师，对他说："听说您正在寻找可以做佛像的石头，您看我怎么样？"雕塑师想了想对它说："这不是那么容易就能够做到的事情，你怕痛吗？""不怕，您试试吧！"这块石头坚定地说。

雕塑师答应了，于是对这块石头重新琢磨。只见这块较差的石头，任凭刀琢棒敲，一概咬紧牙关承受，默然不出一语。在精雕细琢下，果然将其雕成了极品，大家都惊讶这件杰作，决定将其放在城市里面最大的庙宇中加以供奉，让善男信女日夜顶礼膜拜。无法忍受雕塑之痛的前一块石头，被人们废物利用，铺在了通往庙宇的马路上。承受风吹雨打，实在痛苦不堪，内心也觉得不公平，它忌妒地对佛像说道："你资质比我差，条件没我好，却能享尽人间的礼赞和尊崇，我却每天遭受凌辱践踏，日晒雨淋，你凭什么？"佛像只是微笑着说："谁叫你当初受不了苦，没敲几下就哇哇叫呢！"

所以，要想有所成就，就要能忍受不寻常的锤炼。吃不了苦，就做不成事，哪怕资质再好，也不过是表面的装饰。只有能承受艰辛，才能最终有所成就。成功就是要忍受别人不能忍受的艰苦，在磨炼中慢慢成长。人生也是需要承受的，只有承受了孤独，才会使我们倍加珍惜友谊。承受了失败，才会使我们的信心更加坚定与深厚。承受了责任，才会使我们体会到诚实与崇高。承受了爱情，才会使我们心灵更臻充盈、完美。当我们终于学会心平气和地去承受时，那么，我们的人生就达到了一定的高度。

10. 别把自己搞得太伟大，你需要的是够得着的理想

你只有将自己的目标定得勉强能够得着的位置，每次的一点成功，才能激励你获得更大的成功。每当你前进一步，达到一个小目标时，就会体验到"成功的喜悦"，这种"感觉"将推动你充分调动自己的潜能去达到下一个目标。

太容易完成的事情，往往让人没有前进的动力，也找不到丝毫的成就感。而太难完成的事情，往往又让人望而生畏，觉得遥不可及。只有那些通过一定的努力才能完成的事情，才会让人产生成就感和幸福感，你需要的是看得见的目标，够得着的理想。

而生活中，许多人总是喜欢将自己的人生目标定得很高、很远，认为理想越远大，取得的成就越丰硕。比如，有些人从小就立志要当科学家、政治家、画家、音乐家等。结果，因为自己的好高骛远而处处碰壁，无论怎么努力也实现不了自己的理想，最后只能灰心丧气地放弃。

其实，我们应该给自己一个看得见、够得着的目标，这样在攻

克一个目标后，就会收获到成功的喜悦，从而建立起自己的自信。

有了自信心就有克服困难的勇气，也会一步一步迈向成功。这有点像爬山，如果一开始我们把目标定在高耸入云的山巅，在艰难的攀爬中，就会一点点地丧失信心，也许行至半途就不得不放弃前行。如果一开始你将目标定在山脚的某个小山头，那么你就能一鼓作气地征服这个山头，在尝到甜头后，可以满怀信心地去征服另一个更高一点的山头，最后你必将攀上山巅。

水族馆有一只8吨多重的鲸鱼，它竟然能跃出水面6米高，还能在现场向观众表演各种动作。观看表演的人们十分好奇，训练师是如何让鲸鱼做到这一切？原来，在开始训练时，训练师们会在水面放一根绳子，迫使鲸鱼不得不从绳子的上方通过，它每通过一次就会得到训练师的奖励，或是一条鱼，或是爱抚它、和它玩耍。

经过一段时间后，训练师就会把绳子提高一些，不过必须提高得很慢。否则，鲸鱼会因屡屡失败而丧失信心。就这样，每当一定高度的成功率多于失败的时候，训练师就会一点点地提高绳子的高度，经过不断训练，鲸鱼就能从开始在水面跃起几厘米到一下跳出了世界吉尼斯纪录。

达到成功是一个循序渐进的过程，大成功是由小成功开始，我们所需要的是，掌握实现成功的方法，就像训练师那样，他首先给予鲸鱼鼓励而不是压力。接着手中的绳子不能抬得太高或太快，对于成功我们不能急于求成，而要逐步地实现。就像吃一块香喷喷的牛排，必须要切成一小块，每次吃一小块才能吃下整块牛排。

永不放弃，做自己的英雄

实际上，无论多大的牛排你都能吃完，只要分割得细，并给自己一个合理的期限。我们需要有一个长期的目标，然后通过小阶段的成功而实现最终的大成功。有一份报告指出，那些有清晰而长期目标的人，朝着同一个方向不懈地奋斗，25 年后几乎都成了社会各界的顶尖人物。而一些目标模糊的人，一般生活在社会的中下层，他们能安稳地生活，但没有突出的业绩。还有一些没有目标的人，则常常失业，生活不如意。

日本的马拉松选手山田本一，在 1984 年的东京国际马拉松邀请赛中夺得了世界冠军。当时很多人都认为这个矮个子的成功，不过是个偶然。他说自己是用智慧战胜了对手，而当时的记者却认为马拉松比的是体力和耐力，爆发力和速度都不是主要能力，山田本一所说的智慧不过是故弄玄虚。1986 年，山田本一在米兰又获得了意大利国际马拉松邀请赛的世界冠军。

这一次人们不再认为他的成功是偶然了，当问他如何获得成功时，山田本一又一次说是用智慧。一直到 10 年后在他的自传里才揭开了他得冠军之谜。他说："在每次比赛之前，都要乘车把比赛的线路仔细看一遍，并把沿途比较醒目的标志画下来，比如第一个标志是银行；第二个标志是一棵大树；第三个标志是一座红房子……这样一直画到赛程的终点。"等比赛正式开始后，山田本一就以百米的速度奋力地向第一个目标冲去，等到达后又以同样的速度向第二个目标冲去。40 公里的赛程就这样被他分解成这么几个小目标轻松地跑完了。如果他把目标定在 40 公里外的终点，那样他跑不到十几公里时就会疲惫不堪。因为他被前面那段遥远的路程给吓倒了。

在现实中，我们做事之所以会半途而废，这其中的原因，往往不是因为那件事的难度有多大，而是觉得成功离我们太遥远。可以确切地说，我们不是因为失败而放弃，而是因为倦怠而失败。在人生的旅途中，只要稍微具有一点山田本一的智慧，将大目标分解成小目标，逐步去实现它，那么你的人生中会少许多懊悔和惋惜。

我们往往在行动时有了明确目标，并能把自己的行动与目标不断地加以对照，进而清楚地知道自己的行进速度和与目标之间的距离，我们行动的动机就会在此期间，得到维持和加强，我们也能自觉地克服一切困难，努力达到目标。确实，要达到目标，就要像上楼梯一样，不用梯子，一楼到十楼是绝对蹦不上去的，相反，蹦得越高就摔得越狠，必须是一步一个台阶地走上去。

所以，在你拥有伟大理想面前，首先需要一些够得着的理想，把近的、短的、看得见的理想实现后，下一步就会走向更高一些的理想。也就是把大目标分解为多个易于达到的小目标，脚踏实地向前迈进。你只有将自己的目标定得勉强能够得着的位置，每次的一点成功，才能激励你获得更大的成功。每当你前进一步，达到一个小目标时，就会体验到"成功的喜悦"，这种"感觉"将推动你充分调动自己的潜能去达到下一个目标。其次就是不要放弃努力，你还要有克服困难的决心。

11. 与其和别人争，还不如努力去实现自己的价值

人生最大的敌人不是别人，而是自己。不管你的理想是什么，奋斗的目的都是为了实现自我价值，让家人过上幸福的生活。

与其和别人争，不如跟自己比。管好自己的心，做好自己的事，比什么都强。人生无完美，曲折亦是风景。别把失去看得过重，放弃是另一种拥有；不要经常艳羡他人，人做到了，心悟到了，相信属于你的风景就在下一个拐弯处。

自己要跟自己比较，第一名永远只有一个，只要今日的自己比昨日进步，这就是你的最大进步。模仿别人的人是永远都不会成功的，成功是自己走自己的路。你现在站在哪里，就从哪里开始一步步地走，想一想怎样让明天比今天要好一点，就这么简单，后天可以更好一点。如果你有了跟别人比的念头，那就是失败的开始。

有人说，人一生中的每一天都是昨天的重复，这话其实并不完全正确。生活纵然平淡无奇，但是我们应该用积极的心态，不断地努力，争取使今天比昨天进步，明天比今天更好。我们不与别人

"比"，但是要学会与自己"比"。人生需要有规划地经营，而且经营者只能是你自己，任何一个人都不能为你代劳。无论是成长、学习、谋生还是生活，这一系列的过程都是需要经过思考与计划的，更需要你为之付出实际的行动和不断地努力。否则，一切只能是一场空。

孙梦雨是一个很乖巧、很努力的孩子，小学三年级时就开始学习踢足球，现已经在校足球队担任前锋，在上一年的全国青少年校园足球联赛中获得初中乙组第一名，被评为"最佳射手"称号。他喜欢C罗，虽然他是特招生，学习成绩却丝毫没有落下，孙梦雨说："当我取得好成绩时，老师就教育我们要学会跟自己比，学习上和足球上我都会拿现在的成绩跟过去的自己比，以此激励自己。"

孙梦雨所说的"跟自己比"是该学校倡导的教育，即要有正确的发展观，要学会跟自己的过去比，让每个孩子在初中阶段都有成长期望；要有正确的成才观，学业成才仅是一个渠道，做一个合格的劳动者，要成为文明守纪的新市民，同样是我们成才的目标；最后要有正确的时尚观，要合乎学生的身份，符合家庭的实际情况，紧跟主流价值观，不要被社会流行和社区文化完全同化。

其实，一个人完全没有必要与别人争一时之长短。法国哲学家笛卡儿曾说："除了征服自己，我们在这个世界上并无其他使命。"人生最大的敌人不是别人，而是自己。不管你的理想是什么，奋斗的目的都是为了实现自我价值，让家人过上幸福的生活。所以，我们要学会跟自己比，今天与昨天比，明天与今天比，那样才能不断完善自己，提高自我，使自己一天比一天进步，一天比一天强大。

有些人总是喜欢与人争，与人比。为了一个职称，同事之间，可以兵戎相见；为了一笔家产，兄弟之间，可以你死我活；为了一句话，夫妻之间，可以反目成仇。当看见别人买了一件品牌衣服时，不管自己是否有那个经济实力，也要勒紧裤带买上一件；当看见别人升迁时，不管自身条件如何，也想弄个一官半职；看见别人大把地花钱时，不管自己是否有这个能力，总想与别人比上一比。与别人争和比，往往会争出烦恼，比出自卑。因为人与人之间存在着一定的差距，你不是每时每刻都争得过别人，比得过别人。争不到，自然就会陡增烦恼；而比不赢，自然就会灰心丧气。

我们生活在一个快节奏的时代，竞争压力与日俱增，为了生存，不得不努力地工作，拼命地奋斗。竞争本来是一件好事，它既能推动社会的进步，也能提高个人的能力，但事事计较，逢人必争，是不利于他人和自己。当良性竞争变成恶性竞争时，带来的就是钩心斗角，尔虞我诈，不择手段地排挤和打压对手，其结果弄得头破血流，身心俱疲。

其实，与其和别人争，不如跟自己比。少计较那些无意义的事情，多用心发现快乐和幸福。肤浅的羡慕，无聊的攀比，笨拙的效仿，只会让自己整天活在他人的影子里面。盲目攀比，不会带来快乐、幸福，只会带来烦恼、痛苦。拥有不攀比的心态对于我们的生活和工作来讲，有着重要的意义。如果，你真的想要比，那就和自己比，和自己的昨天比，和自己的未来比。只要今天比昨天更努力，哪怕进步和成绩都只是一点点，那也是一件开心的事情。我们都应当认清目前的自己，找到属于自己的位置，走自己的道路，人生，越努力越幸运！

永不放弃，做自己的英雄

12. 命运就握在自己的掌心，你期待的将来自己给

其实命运就在你的掌心里，实现自己的美好理想，创造自己的幸福生活，靠天靠地靠他人都不行，只能靠自己。

我们每个人每一天，每一分，每一秒，所思所想所言所行，一点一滴都最终影响到自己，影响到与自己有关联的任何一件事、一个人随后的发展。很多时候，往往因为我们一个不同的选择，不同的言行，最终造成了自己后来不同的命运以及他人的命运。

命运就握在你的掌心，不要因为命运的怪诞而俯首听命，任它摆布。等你年老的时候，回首往事，就会发觉，命运有一半在你手里，上天手里只有另一半。我们所谓的命运，就是用你手里所拥有的，去获取上天所掌握的。你的努力越超常，你手里拥有的那一半就越庞大。在你感到绝望的时候，别忘了自己拥有一半命运，而在你得意忘形的时候，也别忘了上天手里还有你命运的另一半。

学而后知不足，立志而后知不足，投入而后知不足。王蒙说："如果当初就知道文学有这么大的胃口，我当初还敢作出那样的决

定吗？活一辈子，连正经的痛苦都没经历过，岂不是白活一回？向自己挑战，向自己提出大大超标的要求的正是自己！这就是我的人生，这就是我的价值，这就是我的选择，这就是我的快乐，这也就是我的痛苦。"

向自己挑战，向自己提出大大超标要求的正是自己！这就是人生，这就是人生的价值，这就是你的选择，是你的快乐，也是你的痛苦。我们的未来会怎样，完全取决于我们当下采取怎样的行为，每一个当下的行为，都一点点影响和改变着自己的未来，有时候也影响着他人的未来。当下，是我们生命的全部。你的好，你的不好，全在当下你的一思一念、一言一行中体现。

在《死鸟还是活鸟》一文中写了这样一个故事：

一个学生手里握着一只小鸟问老师，他手里握着的小鸟是死鸟还是活鸟。老师心里十分清楚，如果他回答是活鸟，学生就会把手里的鸟捏死，而如果他回答是死鸟，学生就会立刻松开手掌，将小鸟放飞。于是老师回答道："小鸟握在你的手里，它的生死取决于你。"

也许你不能完全明白这个故事阐明的是一个什么道理，那么我们把手掌打开，也许你会说，手里什么也没有。其实你没有看见你手掌上的命运线吗？明明每个人的手里都握着自己的命运线，怎么说什么也没有握呢？每个人的人生成败也取决于自己，不是吗？不管别人怎么跟你说，命运在自己的手里，而不是在别人那里。

当然，你再看看自己的拳头，你还会发现，你的生命线有一部分还留在外面没有被抓住，它又能给你什么启示？命运大部分掌握在自己手里，但还有一部分掌握在"上天"的手里。古往今来，凡成大业者，他们"奋斗"的意义就在于用其一生的努力去换取在"上天"手里的那一部分"命运"。

可是人类社会本无命运，是人们在对自然或其他事毫无办法的前提下，发出的甘于现状的托词，并被统治阶级加以利用延伸，成为愚化人民的一个重要手段。几千年的封建文明时代无不深深印证了这一点。但现在已经是市场经济时代的法制社会了，已经是知识经济时代的文明社会了，却还是有人将自己的失败，归咎于"命运不济"。

所以，掌握在"上天"手中的一半命运是指你的信念，有了实现美好愿望的信念，你也就获得了成功的一半，至少无论遇到什么磨难，你都不会倒下去，都会执着前行。另一半命运掌握在你手中，所以你不能唯心，不能叹息，不能做语言的巨人行动的矮子，更不能三天打鱼两天晒网，只能脚踏实地、一步一个脚印地前行，才有希望到达胜利的彼岸。理解了这些，你也就明白了，其实命运就在你的掌心里，实现自己的美好理想，创造自己的幸福生活，靠天靠地靠他人都不行，只能靠自己。

13. 坚持自己的决定，你的眼界决定你的未来

你的心有多宽，舞台就有多大，你的眼界有多高，你的心就将有多宽，放大你的眼界，人生将不可思议。

在现实生活中，有的人缺乏理想，不敢轻易冒险，结果只能守着自己的"一亩三分田"勉强度日。而有的人好高骛远，不切实际，想要一蹴而就，结果四处碰壁，前途暗淡。其实，我们应该树立一个明确的目标，并朝着这个目标坚持不懈地奋斗。

一个人的眼界决定了他的未来，眼界宽者其成就必大，眼界窄者其作为必小。你的心有多宽，舞台就有多大，你的眼界有多高，你的心就将有多宽，放大你的眼界，人生将不可思议。你如果觉得自己的发展受到局限，其实是你的眼界太窄了，为其所限。

有这么一句谚语：再大的烙饼也大不过烙它的锅。也就是说，你可以烙出大饼来，但你烙出的饼再大，它也得受到烙它的那口锅的限制。虽然，我们希望未来就好像这张大饼一样，是否能烙出满意的饼，完全取决于烙它的那口锅，这也就是指一个人的眼光、胸

襟、胆识等内在因素，而眼界就是你的"锅"。

在西部的一个山谷里，住着一群朴实的村民，由于村庄里没有河道，也没有井，他们每天的饮用水必须到很远的一条小河里去挑。村里两个年轻的小伙子，承担了此项挑水的任务，他们各自准备一副大水桶，每天日出而作日落而息，尽管十分辛苦，但挑水的报酬不错，两人都干得很起劲。

其中，一个小伙子想等攒够了钱就修房娶妻。而另一个年轻人则想，每天翻山越岭，负重而行，占去了他大部分的时间，况且挑水不是长久之事。他想，要是能将山外的河水引到山谷里来，岂不是不用挑水这么累。他将自己的想法告诉了村长，可要集资修建引水管的事，却遭到了众人的反对。村里人都觉得这个年轻人不安分守己，世代都是挑水的他非要异想天开。

可是，这个年轻人始终坚持自己的想法，并悄悄地自己修建起了管道，几年后，他修建的管道终于连通了整个村子，当白花花的水潺潺流出来时，大家喜出望外，都纷纷购买他的水。由于管道放出水的费用低于挑水费用，他挑水的伙伴不得不面临失业。而他每天不用挑水就有一份可观的收入。

高眼界的人，必定有开阔的心胸，不会因环境的不利而妄自菲薄，更不会因为能力的不足而自暴自弃，这个年轻人他在无人支持的情况下，坚持了自己的想法，因为他觉得自己所做的事是正确的，他也不去反驳其他人，而是用实际行动来实现自己的愿望。然而事实最终证明他是对的，并且是为大家造福的。

大事、难事看担当，逆境、顺境看胸襟，是成、是败看坚持。你心小了，所有的小事就大了。心若大了，所有的大事都小了。大其心，能容天下之物。有时我们痛苦和迷茫，是因为方向不明，挫折是人生的必然过程，别把自己定位在失败的位置上，要追求客观规律，失败者常常是被自己打倒的，输得起的人，才能赢得起。对可能出现的问题做好准备，拥有高眼界的你必须要有大方向，也不会因外界的压力而改变。

一间不到40平方米的工作室，6台电脑，4张桌子，组成了成都无媒不作广告策划有限公司。公司总经理杨麋辉是个"80后"，这个扎着马尾辫的女孩给自己取了个外号——"厕所女王"。早在20世纪初美国就诞生了第一家厕所广告公司，而厕所广告在中国的北京、上海、深圳等地也已经发展起来。想开厕所广告公司却迟迟没有行动，在原来的公司做销售的杨麋辉一个月能挣几万元。朋友们都说，自己开公司那么辛苦，何必呢？更何况，一个姑娘家还要围着厕所搞创业，很多人都不理解。这一年中，杨麋辉有过动摇，但最终还是决定赌一把，圆一个创业梦。她决心要开成都第一家专业的、只做厕所广告的公司。

起步是艰难的。她向成都一家高档酒楼的老板表达了合作的意愿，希望在酒楼的厕所里免费安装装饰画框，等到他们有广告的时候撤换成广告，并给酒楼一定的提成。还没说完，她就吃了闭门羹："出去！出去！我们不做什么厕所广告！"对方把她轰出了门。凭着坚韧不拔的努力，半年里，杨麋辉整合了成都地区餐厅、茶楼、会所、写字楼等场所的卫生间，安装的广告位达 5726 个。第一笔广告业务是在公司开张两个月的时候才做成功。那次杨麇辉偶然路过一家正在装潢的美容美体店，通过装修工人，她找到了老板推销广告位。8 个月后，阿里巴巴诚信通营销服务中心分两批次，在他们那里一共投放了 280 多个位置的广告。目前在成都投放厕所广告的效果已经有了很好的显现。

如果把人生当作一盘棋，那么人生的结局就由这盘棋的格局决定。想要赢得人生这盘棋的胜利，关键在于把握住棋局。在人与人的对弈中，舍卒保车、跳马飞象等，每一着棋就如人生中的一次博弈，棋局的赢家是那些有着先礼后兵的度量、统筹全局的高度、运筹帷幄而决胜千里的方略与气势的棋手。

谋大事者必要布大局，对于人生这盘棋来说，我们首先要学习的不是技巧，而是布局。从大视角切入人生，力求自己站得更高、看得更远、做得更大。眼界也决定着事情发展的方向，您若掌握了全局，也就掌握了胜利的旗帜。

所以，一个人的眼界决定了他的未来，眼界不够广阔的话，他人生的成就再高，也是会受到限制。就像一颗石榴种子有三种结局：把它栽种在花盆里，最多只能长到半米高。栽种在缸里，能够长到一米多高。如果把它栽种在庭院的空地上，它能长到四五米高。如果你常会因为生活的不如意而怨天尤人，因为一点小的挫折就一筹莫展，看待问题的时候常是一叶障目不见泰山，最后你也将成为碌碌无为的人。反之，眼界高的人，未来的路才能越走越宽广！

第二辑　看清自己的价值，
让你的光芒闪耀起来

　　每个人都有自己的梦想，都想过上自己理想的生活，但是，实现自己的理想，过上自己理想的生活，我们不能将希望寄托在他人身上，而应该为自己的梦想去奋斗，走出自己应该走的路，在创造未来的路上去让自己逐步成长和强大起来。

1. 你选定的目标，决定着你最终的价值

在人生追求的过程中，你的脚步最终还是要在某一个极限处停下来。目标能否实现，不是由他人期待所决定，也不是由你个人意志所决定，而是由能力判定。你达到的目标，是能力所及，你心愿未遂，是能力所不及。

一个人无论现在多大年龄，真正的人生之旅，是从设定目标的那一天开始的，只有对自己的生活设定了目标，才有了真实的意义。目标给了我们生存的目的和意义。当然，我们也可以没有目标地活着，但是要真正地活着，就必须要有目标。

生活其实也是一个挖掘的过程，最终重要的是乐在其中。我们的生命如陀螺一旦旋转，便难以停息。不得不承认，作为个体的生命，其能量是极为有限的。在人生追求的过程中，你的脚步最终还是要在某一个极限处停下来。目标能否实现，不是由他人期待所决定，也不是由你个人意志所决定，而是由能力判定。你达到的目标，是能力所及，你心愿未遂，是能力所不及。

有没有扪心自问过，你的目标适合自己吗？为你生命能量与目标找到平衡了吗？人生有梦就有追求；有追求，就有期待。你伏案苦读，父母望眼欲穿；你精益求精，老板说没有最好，只有更好；你在绿茵场玩命奔跑，球迷们疯狂地喊着："进球！再进球！"这是一个竞争的社会，谁都不甘平庸，谁也不愿落后。总是希望目标越高越好，期待表现越优越好。

从前，有两个濒临饿死的人得到了一位长者的恩赐：一根鱼竿和一篓鲜活硕大的鱼。其中，一个人要了一篓鱼，另一个人要了一根鱼竿。得到鱼的人把鱼吃了个精光，不久便饿死在空空的鱼篓旁。另一个人则提着鱼竿继续忍饥挨饿，然后艰难地向海边走去，远处那片蔚蓝色的海洋太遥远了，他耗尽力气也无法到达，只能眼巴巴带着无尽的遗憾撒手人间。

又有两个饥饿的人，他们同样得到了长者恩赐的一根鱼竿和一篓鱼。只是他们并没有各奔东西，而是商定共同去找寻大海。他俩饿到不行的时候，只煮一条鱼分着吃。经过遥远的跋涉，来到了海边。从此，两人开始了捕鱼为生的日子。几年后，他们盖起了房子，有了各自的家庭、子女，有了自己建造的渔船，过上了幸福安康的生活。

如果一个人只顾眼前的利益，得到的终将是短暂的欢愉。如果你的目标高远，别忘了眼前的现实生活。只有把理想和现实有机结合起来，才有可能成为一个成功之人。站得越高，摔得越重；期望越高，失望越大。我们每个人在确定目标时，一定要结合自身实际能力"量体裁衣"。目标定得过高，可望而不可即，最终换来的只能是一路负重身心疲惫。

不少人希望功成名就，成为塔尖上的那个人，将人生目标树立得很高。可是，塔尖的容量是有限的，功成名就的名额总是屈指可数，于是，不免有人伤心，有人失落。不能成为第一，就坦然充当第二；不能拥有伟大，就甘愿静守平庸，用轻松的人生规则主宰自己的快乐又有何不可呢？我们生活的目的在于发现美、创造美、享受美，而不该盯着完不成的极限、遥不可及的梦想折磨自己，最后，抓狂在自己的苛求中。

有了目标，我们才知道要往哪里去，去追求些什么。没有目标，生活就会失去方向，而人也成了行尸走肉。人们生活的动机往往来自两样东西：不是要远离痛苦，就是追求欢愉。目标可以让我们把心思紧系在追求欢愉上，而缺乏目标则会让我们专注于避免痛苦。同时，目标甚至可以让我们更能够忍受痛苦。

所以，目标对人的生活和工作十分重要，如果你头天下午毫无头绪，第二天早上就很难进入工作状态；但如果你头天下午就有了目标，第二天就会激情四射，出色地完成手头的工作。目标不仅对一个人的工作有着巨大的影响，对一个人的人生也有着深远的意义。生活中，有目标的人，他的一生只做一件事，那就是朝着目标不停地进发。每个人都有可能成功，但能进入成功殿堂的人少之又少，你的生活从选定的目标开始，这就是目标的力量。

2. 任何人都无法替代你，你的决定要自己做

自己的决定还是要依靠你自己来做。今天的生活是由三年前我们的选择决定的，而今天我们的抉择将决定我们三年后的生活。

别人不能替你作决定，是因为别人没有你自己了解你，在茫茫人海中，我们总能遇到这样的人，他们寄生于这个社会，从出生到入学、从工作到结婚，人生中所有决定都是被人决定。如果你借着别人的大脑思考着自己的问题，那么你这一生都是没有自己的主见。

不要模仿他人，要走出自己应该走的路，应该知道自己追求的是什么，把自己放在最适合自己的位置，才有可能成就辉煌的人生。许多人不相信，他们可以掌握自己的"人生"。一个人要过什么样的生活，或是成为什么样的人，完全依靠自己。然而他们自卑地不相信，自己可以承受住"选择"这个痛苦，而是让别人替代自己做选择。选对了是理所当然，选错了也只怪自己时运不济。

许多人面对做决定时，就会举起白旗投降，他们还没有进入战斗就输给了自己。可胜利者永远属于那些坚持到最后的人，越是相

信自己的人，所创造的成就越大，转而言之，你能产生多大的能量与你有多么相信自己是成正比的。一个始终坚信自己会"成功"的人，一定能替自己作出正确的决定，认定自己成功的方向。

阿悠刚高中毕业正面临选择大学的困惑。他的父亲觉得阿悠学习成绩好，应该报一个录取分数线高的理工科专业，这样毕业后好找工作。而阿悠本人却厌恶理工科，他想报文科。为了这件事父子俩已经冷战了一个多星期了，眼看填报志愿的期限就要到了。

其实阿悠是没有勇气自己作决定，他既胆怯又心慌。因为他是个很乖的孩子，从小听从父母的话，不闯祸、不叛逆，他所有的决定都由父母做主，包括衣食住行和交朋友。他从来都是"被选择"。正在犹豫的父亲好像看穿了儿子的心事，默默地收起了《填报指南》，然后对阿悠说："从今往后，你的事情你自己做主吧。"

对于父亲撒手不管的态度，阿悠反而手足无措，露出一脸无助的表情。是呀，就算父亲为他选好大学，填好志愿，可最终上学的那个人是阿悠自己，父亲无法替他承担。他的父亲是对的，阿悠18岁了，可以选择自己以后的路了，因为再往后阿悠的路，更是需要他独自走完。最后，阿悠却还是做出了让步，填了他父亲所希望的学校和专业。

温室里的植物是受不了风雨的考验，到了一定时间，总是要摆到室外去接受烈日的暴晒和风雨的洗礼。人生的路没有谁能一辈子陪着你，能自立的时候，一定要自己走。的确，在面对重大决定的时候，我们都希望有人可以给我们一个理由，有人支持或是有人反对，我们并不是真的要听取对方的意见，我们更多的是需要一个命令，以及可以和你一起承担结果的人。

然而，是不是非要听到鼓励的话，或是非要有这样一个人的出现，你才肯鼓起自己的勇气去选择呢？就算是等到了有这个可以和你共同承担后果的人，最终的局面又有谁可以替你收拾呢？再也没有一个人可以出面帮你做主，再也没有一个人可以替你承担结果。任何事情，必须自己来扛。

自己的决定还是要依靠你自己来做。今天的生活是由三年前我们的选择决定的，而今天我们的抉择将决定我们三年后的生活。只有经过一次次的独自判断、理智分析后，作的决定会让你尝到甜头，那时的你一定会感恩于放手让你选择的人，不然你仍要大费周折地走上许多弯路。

有这样一个总是听信别人的话却让自己吃亏的故事。

在法国的乡村，有一个叫保罗的农夫，他养了一大群鸡。有一天，他发现自己的鸡场里的鸡得了鸡瘟，快要死了一半了。他自己没有主意不知道怎么办，就跑去问同样养鸡的邻居。邻居了解情况后问保罗："你给你的鸡吃的什么呀？"保罗回答道："是大米。"接着他的邻居又说："你应该给它们吃小麦。"保罗听后立即回去给他的那群鸡喂食小麦。

当第二天早上时，保罗发现他又有很多鸡病死了。他只得又去求教他的邻居，这次他的邻居指导他给鸡喝热水。可是第三天的时候保罗的鸡，依然在病死，而且活着的鸡，也所剩不多了。他急忙跑到邻居那里讨教救鸡的方法，邻居告诉他不能用井里的水，而要给鸡喝泉水。于是保罗又听从了邻居的话，可依然不见效。直到最后一只鸡死去，保罗还是没有想出救鸡的办法。而他的邻居见状叹息地说："这太可惜了，我还有许多很好的建议却没来得及向你提呢！"

别人的意见，不是所有的都是行之有效的。保罗听从邻居的话却把鸡养死了，这是谁的过错呢？我们在这里不能指责他的邻居，因为邻居对保罗养鸡的情况并不了解，他无法给出正确的意见，而保罗呢？他听风就是雨，没有自己的主张。对自己所做的事，缺乏独立思考的能力。这才导致了悲剧的产生。

一个人自己都不相信自己的时候，很容易被别人的一句话打倒，害怕自己作出错误的判断和决定，在让别人给自己作决定的时候，你又不相信自己的能力。因为你太相信别人所表现出来的能力。其实，只要你按自己的想法做了，不一定会比别人差。

所以，自己的出路，由自己决定。我们都可以替自己做出选择，从而拒绝接受别人替我们决定的人生，当人生发生改变，除了你做了某些事以外，更重要的是你的决定，在作出决定的那一刻，接下来的人生走向也就由此产生。其实，选择比努力更重要。选择决定了方向，而努力则决定了你可以走多远，在开始往前走之前，要先确定自己的方向，否则走得再远都是徒劳。故而，每个人都应该努力找到属于自己的一条出路，这是一条适合自己的路，而不是走在别人期待你走的路上。

3. 你有梦想就立即行动，人生没有太晚的开始

从现在开始做自己真正想做的事，不要用各种理由和借口欺骗自己的内心。没有谁天生就会一件事，通过奋斗、努力、拼搏，让自己成为想要成为的那个人。

许多人都厌倦了现有的生活，又对接受新的挑战犹豫不决，既不想舍弃目前稳定的生活，又向往新的变化，并在两者之间踌躇不前……没什么好想的，在你想应该怎么做的时候，别人就已经在行动了。你想做就立即去做，人生没有太晚的开始。

从现在开始做自己真正想做的事，不要用各种理由和借口欺骗自己的内心。没有谁天生就会一件事，通过奋斗、努力、拼搏，让自己成为想要成为的那个人。不管是一名员工、艺术家、建筑师、旅行者，相信自己会在某个时候，以某种方式闪出华光，我们要比相信中的自己强大。

不要一遇到挫败就轻言放弃；不要一走上绝壁就掉转回头；不要一有小成就便沾沾自喜，这样的人，不会有太大的作为。只有在

痛苦中挣扎过的人，才有资格说自己尽了全力。成功真的不是偶然，是需要付出巨大努力和代价换来的，想实现自己的梦想就要朝着它的方向奋斗。

韩京姬开发出世界第一蒸汽清洁器，把主妇们从趴在地上擦地板等传统家务模式中解脱出来，是继韩国近代男女共同就餐的厨房革命以来，起到第二次韩国女性解放作用的革命家。2007 年，韩京姬在美国设立韩京姬集团美国分公司 HAANUSA，开拓美国市场，迅速获得美国市场的认可，取得了显著的业绩。2008 年她被《华尔街时报——WALLSTREET JOUNAL》评选为"世界商业女性 50 强"之一。

她的这些成就都源于她是一名追求完美的家庭主妇。在韩国，有休息等各种活动都需要在地板上进行的生活习惯，让人们对地板干净程度的要求特别高，这也让她吃了不少苦头。韩京姬寻思着，是否有更快捷简便的清洁方式？一个用蒸汽来溶解顽固污垢并进行杀菌消毒的办法涌上心头，她却找遍整个韩国市场，都无法找到。不服输的韩京姬下了决心，如果世界上没有的话，就由她自己来开发好了。

36 岁的韩京姬下定决心放弃韩国公务员的工作，选择创业。经历了漫长的研发，3 年后耗资 1000 万元人民币，一款标价 80 美元、利用 100 度蒸汽清洁、杀灭细菌的蒸汽清洁器终于成功完成。可是完成蒸汽清洁器的开发，销售又成为挑战。从网络等销售网络开始铺开，2007 年进军美国市场，在短短的 1 年之内，HAAN 韩京姬科技就获得美国市场的认可，畅销于美国各大家庭购物频道。至今，韩京姬依然难以忘记当年的巨大代价，抵押掉自己的所有房产，也就是说，如果失败，她全家将一贫如洗。

义无反顾地付出有时会血本无归，也有可能从此露宿街头，韩京姬投身清洁器制造行业时，除了她丈夫以外，没有一个人看好她。她不仅在融资的路上不停碰壁，还抵押了房产创业，可谓孤注一掷。但她凭着自己的执着、勇气、坚持与不平凡的特质，在经历每一段曲折后，都能勇敢地面对下一次新的开始，也正是这样，她默默地完成了自己的理想与目标。

人生不是短跑，而是一场马拉松，我们需要花很多的时间去寻找和体验，才能找到自我的闪光点。虽然我们在青春岁月中总是充满了徘徊和迷茫，没有关系，谁都曾经这样。忘记岁月留在我们身体上的那些"精心"雕刻，沉下心来的你，会发现人生从来不会嫌太年轻或太老，一切都刚刚好。

1860 年，安娜·玛丽·罗伯逊·摩西生于纽约州格林威治村的一个农场，她是一个贫穷农夫的女儿，是十个孩子中最乖巧的一个，从小就在别人的农场里工作，挣钱贴补家用。27 岁时嫁给了一名农场工人，此后都在农场度过。她像她的母亲那样也生了 10 个孩子，为了自己的家庭，她的双手每天被擦地板、挤牛奶、装蔬菜罐头等琐事占有，直到 76 岁因关节炎不得不放弃她最喜欢的刺绣。

她凭着刺绣乡村风景的艺术基础，开始改为绘画。她的作品在当地展览引起了艺术收藏家的兴趣，这位收藏家把摩西的画带到了画廊。1940 年，在摩西 80 岁时她举行了个人画展，引起轰动，从此她的画成为当时艺术界的热门，作品畅销欧洲。在她 100 岁的时候，她启蒙了一位日本青年，后来他成为著名的小说家，他就是渡边淳一。101 岁在纽约州胡希克佛斯的卫生服务中心摩西奶奶安然逝世。

在摩西奶奶的心目中，画画实在没什么高深莫测的地方。她用自己对生活的理解和回忆来绘画。我们从她的画里看不到拘束，只看到生活的平和与纯真，是一种静谧与和谐。她原来一直兢兢业业，既没有虚度光阴，也没有不务正业，倒是相夫教子，勤勤恳恳。她做女佣没觉得女佣艰苦；在农场工作也没想着要扬名立万；做刺绣的时候是因为兴趣；画画也是为了让生活有所寄托，仅是她陶冶心情的一个小方法。她没有觉得自己画画是高攀艺术，也没认为自己没学过画画就望而生畏。她觉得喜欢就去做了，她说："如果不画画，我可能会养鸡。"

摩西奶奶说："你最喜欢做的那件事，才是你真正的天赋所在。"也许，每个人都有一颗纯真的心，或是儿时懵懂的梦，或者是憧憬的成就，每个人都在社会大流中徘徊在理想与现实的边缘。摩西奶奶过着平平淡淡的一生，没有呼风唤雨的权力，没有高人一等的智商，没有富可敌国的钱财，但有一颗永远年轻的心。即使是在 80 岁高龄，她仍然敢于拿起画笔，做着自己喜欢的事情。

所以，人生没有太晚的开始，给自己一丝生活下去的勇气，然后再回到现实中继续着无奈的斗争。很多人都在等，等有钱，等生活安定，就这样等着老了，这都不是关键，关键是心也跟着老了。人老了没事，心老了，就真的回不去了。80 岁的奶奶有拿起画笔的勇气，为什么我们没有伸出双手的勇气。什么时候都铭记自己的纯真，还自己一点时间，这样才能爱护好自己年轻的心。

4. 你没有资本坐着空想，请站起来立即行动

决定一个人的成败，关键在于他的思想与行为是否一致。决定一个人的行为要靠他的意志力，失败者往往是意志力薄弱者。一旦选择了自己的方向，并作出了决定，就不要拖延，想到就去做！只要肯坚持下去，成功将在下一个拐角处等着你。

与其浪费时间空想，不如行动起来，用行动争取成功。可往往我们都会在"计划"、"设想"、"愿景"中把时间浪费，而不采取行动。有时我们也往往成为思想的巨人，行动的矮子。梦想不去做，只是空想，不要让你的梦想只是想想，不如站起来行动。

没有行动只有计划会毁了你，因为它让你觉得自己已经有所行动了。并让你觉得能静心列下计划的你，已经比很多人都提前了一步。其实不然，列下计划而没有实施的你，只是一个伪理想主义者而已。如果你手头恰好已经有了一个计划，就按照计划去做吧。建立信心的最好办法，就是去做让你觉得头疼的事。

生活的可怕之处就是在这里，有些人可以安于现在的生活，不

永不放弃，做自己的英雄

自卑不敷衍，也能够淡然地生活下去；有些人想要去远方，想要生活剧烈，不疯癫不成活，虽然累倒也活得轰轰烈烈。可尴尬就在于你活在另一种生活里——不上不下的生活。不上不下的生活，就是你明明想要改变自己，却觉得自己像被卡住了一般。明明付出了努力，却不知道付出的努力到哪里去了。你不安心这么生活下去，却又没行动去改变现状。

从前有两个生活在贫瘠落后山村里的年轻人，他们都想走出去过上体面的城市生活。其中一个人整天梦想着发大财。比如，把山货卖成黄金价，去人迹罕至的山洞寻找宝藏，等天上掉下袋钱等，他有很多的想法，可没有一样是成功的，于是他放弃了努力，变得游手好闲起来。而另一个年轻人则脚踏实地干着他的木工活。每看到辛苦劳作的木匠，那个无所事事的年轻人都忍不住讥笑他："无论你怎么努力也不会有好结果，与其自寻烦恼，不如等某个企业家来这儿搞点投资，开发成旅游景点，到时咱们就坐着收钱好了。"

木匠听后不以为然地说："你总是想着未来的事，可现在最要紧的是做好身边事，木工不一定有多大的好处，但起码能养活自己。"一晃十年过去了，梦想着做大事业的年轻人除了每天做白日梦外，生活几乎没有丝毫改变。而木匠却真的去了城里开了一间家具店，那天有个城里人路过小山村，发现木匠在认真细致地做着木工，就商量由他出钱投资，木匠出技术，两人在城里做家具，一定受到欢迎。没过几年，木匠就在城里买了房，安了家。而梦想干大事业的年轻人还在那个贫困的小山村做着美梦。他的生活一塌糊涂，除了每天不停地抱怨外，似乎没有别的追求。

在那个年轻人一直抱怨的同时，他有没有想过，为什么不行动？明明已经有了很好的计划，为什么不按照他的计划一步一步地行动呢？他只是坐着空想，他的梦想太过于空洞而无法找到着手点，故而开展困难。而他又不能让自己老老实实，脚踏实地地苦干，可成功根本不是天上掉下钱袋那么容易的事。

行动就像一个奇妙的分水岭，它将有志者和空想者分隔两地。勤奋和勇敢的人总是迎难而上，而懒惰和懦弱的人总是畏缩不前，于是他们有了两种截然不同的人生，辉煌的人生和失意的人生。再高明的智者也无法预料将来会遇到什么情况，只有在摸爬滚打中不断总结经验教训、开拓创新，才能迈进成功的殿堂。

贝丽是美国的一名教师，她想筹资建造一所学校，能让那些穷困地区的孩子接受教育。她听说福特汽车商很有钱又热心公益事业，便去求助。而在这之前福特给予很多公益事业进行了资助，但其中不乏无赖和骗子。这些人让福特对求助者充满了质疑。当贝丽去找福特的时候，可想而知，福特的心中充满了厌恶，他从衣兜里拿出一枚 10 美分的硬币，扔在办公桌上，不屑地对贝丽说："只有这么点儿钱了，你拿着快离开吧。"这样傲慢无礼的污辱贝丽没有发怒，而是拾起了硬币，用 10 美分买了一包花生种子。她把种子种到地里，经过半年的精心管理，变成了茂盛的花生园。

这一天贝丽又来到福特的办公室，她不是来请求资助的，而是来还钱。她把花生园的照片和一枚 10 美分的硬币交到福特手中，并对他说："钱虽不多，但如果投资对路就会带来丰硕的回报。"看到现实的福特惊讶不已，随即他签了一张 2.5 万美元的支票给贝丽，不仅如此，在这之后的几年中，还陆续为贝丽学校捐助了一幢以他名字命名的教学楼和其他漂亮的建筑。

一个行动胜过百个空想，不要让你的梦想只是想想，贝丽实现自己的梦想十分艰辛，她想建所学校，计划好了就要行动。然后她去找能捐钱出来筹建的捐助人，但捐助人不信任贝丽，让她遭受到污辱和质疑，此时唯有坚持，用实际行动来证明自己。贝丽自己做到了，她用智者谋略和仁者襟怀，让人佩服和感动。

在通向成功的路上，既无捷径，也没有宝葫芦，与其坐着羡慕别人"成"，倒不如站起来积累自己的"功"。成功是公正的，它绝不会将辉煌施舍给懒汉。思想决定行为，行为决定结果！理想与行动是一对孪生兄弟，既有理想，又有行动，成功才会有保证；而光有远大的理想，没有实际的行动，那就是好高骛远的表现，这种人就是思想的巨人，行动的矮子。

所以，当你觉得应该早起去做点什么的时候，那就马上去行动。成功始于想法。但是，只有想法，却没有付出行动，还是不可能成功的。决定一个人的成败，关键在于他的思想与行为是否一致。决定一个人的行为要靠他的意志力，失败者往往是意志力薄弱者。一旦选择了自己的方向，并作出了决定，就不要拖延，想到就去做！只要肯坚持下去，成功将在下一个拐角处等着你。学会忍耐，学会养成"立即行动"的习惯，你的人生将变得更有意义。

5. 上天没有"宠臣"，每个人掘取"金子"的机会都是一样的

每个人掘取"金子"的机会都是一样的。机会永远是客观存在的，获得"金子"是个人事先树立的目标，从而能循序渐进使之成为现实的过程。机会的存在不以人的好恶而改变，通常出现在人们有意识，有止、预知的活动之外。掘到"金子"的人和失败者的区别就在于能否抓住机会。

金藏于沙，泉隐于地，想要得到它就得为之奋斗和努力。在"金子"面前，每个人取得它的机会都是平等的，在成功面前，因每个人的内质而决定收获的多或少。这个社会并不阻止任何人发挥自我优点和光彩。

我们的人生何尝不是勤奋者得金，懒惰者失金。金子是人们所向往的。甘泉也是人们所向往的，然而，没有不懈地淘沙和不知疲惫地掘泉，再丰富的财富也可成为别人的囊中物。大家的机会是均等的，谁先占先机，谁更努力，谁更拥有智慧。在掘金的路上，成功与否，关键在于自我的表现。

"千淘万漉虽辛苦，吹尽狂沙始到金"，待黄沙淘尽，你就会得到金子，掘地三尺，你就会喝到甘泉，这个道理虽然简单，但很多人并不明白，他们总想不劳而获，总想要寻找捷径，结果一事无成。成功是没有捷径可走，天上更不会掉馅饼，想要过上幸福的日子，就得脚踏实地去奋斗。

大家也许听过这样一个故事。

从前，有一位老农在山坡上开垦了一大片荒地，他日出而作，日落而归，年复一年，通过勤劳节俭，日子过得还不错。可他有三个不成器的儿子，整天好吃懒做。无论老人怎么开导他们，都没有一点长进。在这位老人患重病的弥留之际，把三个儿子叫到床边，用沙哑的声音告诉他们："以防你们三个坐吃山空，我在荒地里埋了三桶金币，等我去世后，你们必须依靠自己的双手去创造生活，实在困难的时候，再把这些金币挖出来。"

老农说完就撒手西归了。三个儿子原本为父亲去世后的日子犯愁，现在听说地里有金子立即转悲为喜。第二天一早，三人就争先恐后地起床去翻地。他们小心翼翼地操作，完全忘了自己已是满头大汗。他们挖了一天又一天，整个荒地都翻了个遍，仍然一无所获，这时他们翻动过的荒地，却成了一片良田。三个儿子的手上起了茧子，他们不再挖金子了，而是在地里撒了小麦种子。等到第二年的春天，绿油油的小麦就从地里冒了出来，不久就结满了丰硕的麦穗。这时他们三个终于明白了，父亲所说的荒地里的金币就是靠劳动来致富。

只要肯耕耘，哪里都能得到金子。千变万变不如自己改变，一次行动胜过千言万语。老农一直在告诉他三个儿子这个道理，但他们都听不进去。等到自己吃得苦了，才用切身的体会来记住。有时我们也是这样，不肯接受别人的良言警句，直到自己栽了跟头才知道痛在我身。一个知道勤奋的人是不会懈怠，而会孜孜不倦地劳动，只要每天不断地付出，日积月累就成了财富。

想要掘金成功，首先必须要树立一个坚定的信念，然后是埋头苦干。现在不同以往，有了信念、干劲以外，还需要一股"创新精神"，要取得成功，必须具有敢于标新立异的想法。

在兰宁羽的个人简介中，有"寻找卖梦师"这样一个描述。他说，能实现自身梦想，也让更多人实现一个梦想，更多人愿意买他的梦想的人，就是最好的创业者。而他自己也是一个造梦师。

在兰宁羽不足 20 岁的时候，他已是一家外资公司的核心团队负责人，几项发明专利的拥有者。1999 年，高考之后的兰宁羽几乎天天泡在网上，他很想成立一家网站，最好是和音乐有关的。他在网上找了 300 多家海外风险投资公司，按照网上提供的电子邮件一一发信。最终，他的商业计划引起了一家风险投资公司的兴趣，几次谈判非常顺利，几个月以后，"一起音乐网"正式成立。18 岁的兰宁羽成了中国最年轻的 CEO。

互联网的泡沫急剧膨胀之后，很快陷入了寒冬。他的音乐网站虽然没挣什么钱，却依然在寒风中挺立着。在创办天使汇之前，兰宁羽曾先后任六家创业公司创始人、联合创始人或合伙人。2011 年

11月，他创办天使汇，作为"创业者背后的创业者"。作为资深投资人，兰宁羽对TMT（数字新媒体产业）领域和互联网金融行业有着深入、独到的见解，投资领域涵盖社交网络、企业服务、游戏、电商、教育、健康等行业。下厨房、IT橘子、番茄土豆等知名创业公司均曾在天使汇平台获得过兰宁羽的投资。

兰宁羽的成功，其实就是他的创业欲望和信念在起作用，当他抱定创业的信念时，奇迹就会发生。他善于用别人的钱实现自己的梦想，他拥有着追求成功的欲望，立志掘金。对于创业兰宁羽有自己的精神图腾。他说："其实我没有什么梦想，我就是做事，做自己的事情，很认真地做自己的事，梦想它就自然而然地来了。"

在我们周围有很多不满足现状的人，但很少有人能走出创业的第一步，并掘到属于自己的第一桶金。有很多人，觉得自己怀才不遇。但很少有人能找到自己的价值并发挥出来。也有一些冲劲十足，敢拼敢牺牲的人，但他们也很少能抛开顾虑，去创立自己的事业。我们都有梦想，可又有多少能真的去实现自己的梦想呢？

不要以为机会像一个到你家里来的客人，它会在你门前敲门，并等待着你开门把它迎接进去。恰恰相反，机会是一件不可捉摸的活宝贝，无影无形，无声无息，假如你不用苦干的精神，努力去寻求它，也许永远遇不着它。

所以，每个人掘取"金子"的机会都是一样的。机会永远是客观存在的，获得"金子"是个人事先树立的目标，从而能循序渐进使之成为现实的过程。机会的存在不以人的好恶而改变，通常出现在人们有意识，有止、预知的活动之外。掘到"金子"的人和失败者的区别就在于能否抓住机会。君子适时而动，英雄应运而生。抓住了机会你就有可能得到"金子"，放眼世界，掘金成功者，哪一位背后没有辛勤的汗水，哪一次的成功不是饱含着艰苦的付出？很多时候我们不知道"金子"藏在哪里，但只要用心去挖掘，就会找到方向，从而迈入成功的殿堂。

6. 面对机会永远不要"礼让"，该出手时就出手

人一定要有胆有识，要善于以卓越的胆识，与时俱进，做到主动出击。在市场上，永远没有等待，无论你是出手还是放手。让自己变成主动者，做到该出手时就出手。

机会永远都垂青于那些敢于尝试新鲜事物的人，当机会来临的时候，不要犹豫不前，而是要在经过认真思考之后，果断地采取行动，不让机会溜走。只有敢于行动的人，才是一个真正成功的人。

在人生前期，不要嫌麻烦，要勤于学习。不然就可能错过让你动心的人和事。很多时候我们就是这样，当看到机会来的时候，犹豫不决，下不了决心，结果与机会失之交臂。我们没有办法去控制机会的到来时机，却可以调整自己，让自己时刻准备着，等待机会来临时一举抓住，这是你唯一能做的事。机会不会等你，它只给有准备的人。

机会十分神奇，它不被人驾驭。它可以给走上绝路的人以柳暗花明，它也可以让你千金散尽后还复来，它也能让抑郁不得志的你

仕途光明。智者善于抓住机会，愚者错失良机，而成功者善于创造机会。

　　小颜生性害臊和腼腆，一直无法把精力用到读书上，高中换了两所学校，最后才勉强考上一所普通大学。由于他学习阻滞，成绩不理想。他学的是物理专业，可他的物理成绩连续补考都不能及格。迫不得已改读社会形态学专业，但十分遗憾，最终也未能混到结业。

　　后来，他选择了当一名业务员。由于他太害臊，卖东西这件事对他说来也十分具有挑战性。他不敢和异性说话，一上营业柜台就会手发抖，毫无社交能力。如此下去他必将成为一无是处的人，小颜知道自己是哪里出了问题，所以他决定改变自己。每天上班他都强迫自己大声说话，遇到陌生人就主动打招呼，时间一久，他觉得自己能走出店门去进行产品推销了。

　　第一个月，他一张订单都没有签成，没有销售业绩就没有收入，面对残酷的生存问题，小颜并不沮丧，他继续练习着与人交往的技巧，克服自己胆怯的心理。在第二个月里，他终于签到了一张订单。接着他的业绩慢慢好转起来，订单也纷纷而来。小颜在做推销员时发现了自己的经商潜力，他在自己的命运前抓住了机遇，随后拥有了自己的公司。

　　也许你在碰了99个钉子后，才会实现一个成功，那么你每碰一个钉子，都是离成功近了一步。在事业上碰一鼻子灰的时候，不要觉得丧气，做事情需要恒心和努力，一个都不要漏过，为后面的成

永不放弃，做自己的英雄

功，不断创造机会。

当机遇轻轻地叩响门扉时，我们就会沉着地应和一声，踩着它的节拍，旋转而去，千万不要眼睁睁地看着它，在犹豫之际，从你身边飘过，而你却无能为力。有句古训说："台上一分钟，台下十年功。"在羡慕别人受到机会青睐时，我们要知道荣耀与鲜花背后是艰辛与困苦。你能忍常人所不能忍，才会在常人中脱颖而出。没有耕耘就没有收获，机会的来到不是靠运气取得，而是需要你有足够的能力去迎面驾驭它。如果平时的我们不思进取，处世马虎敷衍，那么当机会来时，你只能望"机"兴叹。

"该出手时就出手，该收手时就收手。"人生的机遇各种各样，你抓住了身边的机会，那就是你该出手之时，你出手了，你就可能获得成功。没有抓住，可能会给你留下终生的遗憾。如果说该出手时不出手会使你失去机会，带来遗憾，带来失败，甚至带来杀身之祸，那么，该收手时不收手，也会给你带来同样的后果，同样的结局，抑或更甚。

日本马自达汽车公司与海南汽车制造厂合作的第一个产品是929两厢车和轻型皮卡，两年后开始生产323车型。由于受到一定的限制，这些产品不仅产量不大，品牌知名度也不高。1998年，海南马自达并入一汽集团，马自达认为"机会终于来了"，2001年5月向市场投放了普利马，次年7月又投放了新323。由于这两个产品可以在全国范围内销售，"马自达"品牌开始渐渐被中国消费者认识。

"新323"和"普利马"的成功给马自达增加了更多的信心。2002年，马自达公司与一汽轿车合作，将其平台技术处于世界领先地位的主打车型Mazda6轿车引进到中国。当时，马自达公司刚刚扭亏为盈，还没有足够的经济实力与中国企业进行资本合作，只能采取技术合作的方式。2003年1月，马自达与一汽轿车技术合作生产的Mazda6驶下了生产线，同年4月正式上市。Mazda6正式进入中国市场后，保持持续旺销，创造了当年单一品牌车型的最好销售纪录，一举跻身中高级轿车主流品牌行列。

采取积极主动的措施，是一个公司发展的重要环节，只有主动发现问题，并进一步去改进，才会不断地进步，不断地发展。在生活中无论干什么，都要把握住适当的分寸和尺度，所谓"该出手时就出手。"一旦错过了最好的时机，你可能一无所得。面对机会，一定要做到"该出手时就出手"，切不可左顾右盼，举棋不定。

人一定要有胆有识，要善于以卓越的胆识，与时俱进，做到主动出击。在市场上，永远没有等待，无论你是出手还是放手。让自己变成主动者，做到该出手时就出手。机不可失，时不再来，永远不要做无谓的等待，主动才是最重要的。

所以，当机会到来时，不要犹豫，如果该出手时你还不出手，就会让机会白白溜走。有的人不够自信，面对机会总是畏手畏脚，不能积极地把握它。那么它就像一个脾气古怪的精灵，如果它在你身边时你不知道抓住，当它飞走后，任凭你如何后悔，机会也不会再回来。有人说："人生就是不断选择的过程。"这话一点也不错，如果我们选择了应该选的，那么它就是助你走向未来，创造辉煌的机遇。人生也是一个不断把握机会或是放弃机会的过程，它并不神秘，存在于人生的旅途之中，关键是我们能否该出手时就出手。

7. 看清自己的价值，让你的光芒闪耀起来

只要方向是正确的，相信假以时日，你的身上肯定会闪耀出炫目的光芒。只要找到自己的优势，并将优势发挥到极致，那么这些优势就会灿烂地为你绽放华光。

每个人都是一座蕴藏无穷财富的金矿，它需要你自己去开发，无论是何种能力的体现，一旦你开始运用，就会如同启动了自信的按钮，从而做出意想不到的成绩。其实我们不是不能走向成功，而是要看清自己的价值，找出闪光点。

平时我们不断客观地衡量自己、评估自己，看自己能发挥多少潜能，能尽多少力量。选中了方向，好好努力，生活就会充实。只要方向是正确的，相信假以时日，你的身上肯定会闪耀出炫目的光芒。只要找到自己的优势，并将优势发挥到极致，那么这些优势就会灿烂地为你绽放华光。

也许以前不懂事的你，犯过一些错误。比如高考时，只满足于考二本线，没有抓紧时间冲刺；读大学的时候，没有多学一些有用

的东西；到了大学毕业，身边的同学有的考上公务员，有的考上研究生，而你只能去挣微薄的工资。现在工作了，可能你猛然醒悟，想要努力地去做点什么事情的话，不要觉得自己天赋不够，或是起步太晚，只要在选定的目标中，勇往直前，定能擦出人生的火花。

赵常青16岁时，遭遇了一场意外车祸。当时他在医院里昏迷了一个月才苏醒过来，他颈部以下高位瘫痪，仅左手3个手指能活动。由于脑部受伤，他一度失去记忆。从医院回到家后，赵常青只能整天躺在床上，需要父母彻夜照顾，这一躺就是11年。他常常问父母："为什么我不能下床？为什么我不能动？"他一遍遍地问着，让人心酸。这使原本青春活泼的他，沉陷迷茫之中。赵常青的右手掌几乎无法伸开，使用电脑点击鼠标时，只能用左手的3个指头。当他再次得知自己这辈子都不能站起来时，苦闷、焦躁、恐惧、无奈……各种悲伤的情绪就一并折磨着他。

他唯一能打发时间的方式就是躺着看电视，有一天他在电视上看到一个和自己有着同样遭遇的云南小伙，通过网络进行创业并获得成功，这给他留下了深刻的启示。在赵常青的要求下，经济拮据的父母为他购买了一台电脑，从此他整天研究起来。长时间躺在床上操作电脑，下半身本就没有知觉，每天深夜入睡前，他都能感到脖子的酸疼和头痛晕眩。第一次赚钱是在网站上发布的帖子被选用，这让他觉得欣喜。随后他开始做网络代理，通过自学，从买卖各种日用品开始到现在开设网络商务平台，村民们都乐意将新鲜的蔬菜通过赵常青的电子平台销往外地。赵常青十分腼腆，他说："只要活着就能创造价值，我还能为村里人做一点事。"

在面对成功的障碍面前，你是在粉碎障碍，还是会被障碍粉碎？成功的人必以"我在粉碎一切障碍"为铭，鼓起斗志。而失败的人则以"一切障碍都在粉碎我"为铭，带着失意一步步走向不可测的深渊，徘徊于命运的低谷，裹足不前。人生最光辉的一天，并非功成名就的那一天，而是你从悲叹与绝望中产生对人生挑战与勇敢迈向梦想的那一天！

只有不畏艰险勇于攀登的人才能取得人生的辉煌。高位瘫痪的赵常青面对自己不幸的人生，从绝望到希望，他走出的是自己的世界。是现实生活让一个烦躁的少年开始慢慢蜕变成一个成熟的小伙子。我们在自己的人生中只有一种成功，那就是以你自己的生活方式，散发出自己的光亮，度过你的一生。

从前有一个年轻人跑到寺庙内，去请教一位很有智慧的高僧。他问道："大师，什么是人生真正的价值？"这位高僧就从院子里捡了一块石头对他说："你把这块石头，拿到市场上去卖，只要有人出价就好，看看市场的人，出多少钱买这块石头，然后你把石头带回来。"这个年轻人带着石头来到市场，有人说这块石头很大，很好看，愿意出 2 元买下；有人说这块石头可以做秤锤，出价 10 元。

年轻人回去告诉了高僧："这块没用的石头，可以卖到 10 元。我真该把它卖了。"高僧却笑笑对年轻人说："先不要急着卖，你再把它拿到黄金市场上去问问价。"第二天，年轻人将石头带到黄金市场。有人出价 1000 块钱，还有人出价 10000 块钱，最后竟然有人

永不放弃，做自己的英雄

愿意出 10 万元。这回，年轻人兴冲冲地跑去报告高僧这个不可思议的结果。然而高僧却十分淡定地又对年轻人说："明天你把石头拿去最高级的珠宝商场去估价。"在高级的珠宝商场，这块院子里无用的石头，被开价 10 万，年轻人心里暗喜，但高僧要求他只是估价，还要将石头带回去。所以珠宝商场上的商人认定这是"宝物"，一路追价到数十万元。这让年轻人没有想到，他回去后，高僧告诉他："人的价值如同这块石头，不在于外面的评价，而是在于自己的定价。"

是呀，这个年轻人一直用市场的眼光看待他的人生，问高僧人生的价值。其实人就是一块待价的石头，应该先有了最好的珠宝商的眼光，才可以看到真正的人生价值。而我们往往满足于现状，觉得在社会中无用武之地，害怕接受新的环境，新的挑战，只好心甘情愿地当一块普通的石头。殊不知，普通的石头在不同的环境里的价值都是有所不同的。

这让我想起一位音乐家在地铁里演奏的故事。这位音乐家在未出名之前他在巴黎地铁站上拉小提琴每天的收入是几十美元，而且很多人都不为他的音乐所动，匆忙的人群中鲜有欣赏他美妙的演奏。不久他受巴黎最豪华的音乐厅的邀请，举行音乐独奏会，当时他的每张门票卖到了几千美元，而且还有很多人为购不到票而烦恼。

所以，你必须看清自己的价值，坚持自己崇高的价值，接纳自己，磨砺自己，给自己的成长留有空间，这样才能长成为"无价之宝"。我们每一个人的价值都是绝对的，你必须要对自己好，这样能变得更出色。在别人眼里，也更加有价值。学会看清自己的价值，然后找到能体现自我价值的环境和空间。珍爱自己，发掘自己内在的潜力，把更多的机会留给自己。别总想着如何取悦别人，你越在乎别人就越卑微。只有取悦了自己才会令自己变得更有价值。

8. 拒绝他人的怜悯，鼓起勇气让自己走向强大

拒绝别人的怜悯，是对自己勇气和魅力的尊重，弱小者不需要怜悯，而需要的是面对生活的勇气，更是勇于面对自己。

强大的内心不是隐忍，而是在经历了许多苦难后依然坚定地站着。而别人的同情，有时像止痛剂，它起初对于痛苦确实是有效的解救和治疗，但这种药如果不知使用分量和停止的界限，那它就会让你拥有可怕的依赖，而真正强大的人，在面对苦难降临时，都拒绝怜悯。

怜悯对于一个正在受苦受难的人来说，在一定程度上是伤害了他们的自尊心，会让他们更为自卑和变得格外敏感。"恻隐之心，人皆有之"。我们往往对一些可怜、悲哀、不幸的事，产生一种"心有所不忍"的感受，情比理更重，为了人性交情而表达感情同情，无论表达得合不合理，都受人褒扬，但还是不要滥用怜悯。

不要滥用怜悯给竞争失败的人，因为下一次也许会是你。在职场中，不要用自己的同情心去衡量与自己打交道的人。每个人都是

本着个人的利益办事，也不可能站在对方的立场考虑事情，怜悯有时也会被人恶意利用。罗曼·罗兰说过："怜悯是一笔借款，为小心起见，还是不要滥用为好。"

在天津有一群"蚁族"，他们抱有自己的理想，但毕业后却一直无法找到合适的工作，他们聚居在城市的边缘。阿艾和小呆就是其中一员，他们租住在几栋被高墙围起来的单间里，一个不大的客厅住着4个男孩，以及一间北面的小房间内住着的阿艾和小呆。每月1350元的房租，6个人均摊。在他们租住的旁边有一个菜市场，阿艾除了白天的工作外，每晚都去摆摊。

小呆的专业是生物工程，可他做了不少工作都与生物工程无关，他曾在一家网络公司做过短期IT，由于不看好公司的发展，就辞职了。凭一点经验与人合伙开办了一家网络服务公司。但他仍然过着"蚁族"的生活，没有自己的房子。算一下毕业这几年来的经济账，小呆说："没赚钱，也没赔钱，总的来说，收获还是体现在积累经验上。"

与大多数"蚁族"一样，阿艾和小呆的生活很艰难，除了工作不稳定外，每月的生活费是必需的。他们拿盒饭当大餐，拿电视当消遣，几乎不去餐馆吃饭和KTV消费。大城市生存的艰辛，藏在这些人的肚子里，给家里打电话时依然在报着平安，说着自己都不信的谎言。

"蚁族"是一个鲜为人知的群体，他们高智、弱小、群居。他们中许多人抱有梦想，不向命运低头，用阿艾的话说："我们现在不要抱怨社会，不要抱怨房价，不要抱怨就业，不要抱怨国家。天生我才必有用，现在暂时的困难是个磨炼。'80后'拒绝怜悯，拒绝同情，拒绝施舍，我们想告诉世人的是走着瞧，看我们的！"

当一个人决定不接受别人的怜悯时，他就有了自己的骨气。不抱怨命运的不公，不对社会产生悲伤，因为怨恨和悲伤都无法改变现状，只有自己奋力拼搏时，才有可能自救。如果别人对你产生怜悯，那你必是弱小的，可谁又能承认自己是弱小无能的？故而，拒绝他人给予的怜悯，是为了能让自己走向强大。

朱力亚是中国艾滋病群体中，目前唯一有勇气公开自己病情的在校女大学生。一年前的4月，这个活泼快乐、有着优异成绩的大学外语系二年级学生、正在品尝爱情的22岁西安姑娘，被HIV病毒迅速地推向了她生命的深渊。距朱力亚发现自己感染艾滋病毒的366天。她逃离遍布同学和朋友的城市，逃离大学外语系青春飞扬的教室，来到这个偏僻的小城。

"好累，活得好累，累到骨子里了。"朱力亚感到对人生深深地绝望："我觉得被这个社会抛弃了。我能否通过努力，找到死亡前的真正的自我？"她的父亲是名出租车司机，母亲是家庭主妇，全家人的希望都寄托在女儿朱力亚身上，他们把她送到当地最好的学校，她2年时间完成了3年的课程，被保送到大学。

当别的女孩子仍然躺在父母给予的金钱和幸福之上求学的时候，朱力亚已经开始了自己独立的人生；当别的女孩为英语四级考试发愁的时候，她的英语级别早已经在中专时就过了四级。在中专过四级让她感到风光无限——中专生考英语级别，需要考二级、三级，过了三级才能考四级。朱力亚说："我一般都拿自己的优点和别人的缺点比，所以很难自卑。但是我比较自闭，一般不会把自己的全部故事告诉别人。"在这样一种奇怪的心态中，她取得了让别人羡慕的成绩。更为让同学惊讶的是，她找到了一个英俊的外籍男朋友。这让众多希望通过国际恋爱达到出国目的的女孩子更是艳羡不已。

被查出感染病毒的朱力亚彻底正视这个世界，一个从来不在乎艾滋病的女孩子，一下就被对艾滋病的恐惧和害怕周围人的心理击毁。她去了中国艾滋病人比较集中的地区。她突然发现，除了生命长短和自己一样之外，那是一个更需要帮助的群体。她自己，是不要怜悯的。在当地，她立刻成为名人，小孩子的父母把孩子送给她，学纯正的英语。在当地一家最豪华的饭店里，很多人知道她，因为她在这里开过讲座。

面对生与死的绝望时，她说："我最大的敌人不是病毒，是自己。"真的是这样，我们一直在赶路却忘了去欣赏沿途的风景，而当你想开始学会去欣赏风景，想要去享受生命的美好时却发现，时间不够了。我们为什么要珍惜每一天，珍惜生活中的一草一木？因为你真的不能让自己永恒。

所以，只懂得怜悯自己，却不知反省的人，是内心脆弱的人。一味接受同情和怜悯的人，会使自己在弱者的地位上更加变得弱

永不放弃，做自己的英雄

小，同时你的自卑会不断地在内心作祟。其实，拒绝别人的怜悯，是对自己勇气和魅力的尊重，弱小者不需要怜悯，而需要的是面对生活的勇气，更是勇于面对自己。

9. 成功青睐的，是你追求梦想的那一点勇气

选择的诱惑越大，需要付出的代价也越大。有时候，这种代价甚至大到让你疯狂，它需要你有无畏追求梦想的勇气，因为，只有那些内心真正充满一往无前勇气的人才能获得成功。

人人都离不开勇气，拿出勇气也并非难事，但勇气不单单是危机时刻求生的法宝，它更是生活的必需品。我们每个人都有勇气，因为我们都要敢于面对生命和死亡。我们有时并不是为了高尚才勇敢，而是为了利益，为了对自己满意。

成功就青睐你的那一点勇气。人的一生会经历无数次的选择，每一次选择都不同程度地改变着我们的人生，但真正能彻底改变人生的选择只有两三次。选择的诱惑越大，需要付出的代价也越大。有时候，这种代价甚至大到让你疯狂，它需要你有无畏追求梦想的勇气，因为，只有那些内心真正充满一往无前勇气的人才能获得成功。

有些事情我们之所以不去做，不敢去做，往往不是因为事情本

身，而是我们认为不可能。而许多不可能，只存在于人想象之中。愿望与成功之间事实上并非遥不可及，只不过是需要我们有跨越的勇气。我们每个人的脑海里都有很多美妙的计划，可是又有多少人有勇气将这些都变成现实呢？唯有拿出勇气去行动，你的美妙梦想和计划才有意义。

在西安交通大学南门对面的金水路路口有一辆生锈的三轮车、一张案板、一把遮阳伞、一张桌子、4 个凳子的摊位，却拥有一名"英语口语很棒"的老板。"小庄师兄"凉皮摊有两个人正在忙着干活，一个人叫庄栋，另一个人叫庄楠，是两亲兄弟，庄楠比哥哥庄栋小两岁。摊位老板庄栋是毕业于西安交通大学材料科学与工程专业，硕士研究生学历，毕业三年了。弟弟庄楠毕业于西安工业大学机械专业。

当年他的高考成绩很不错，他选择在西安交通大学本硕连读，硕士时研究的方向是关于核能应用方面的材料研究，但研究生毕业后，他放弃了出国，选择了一家从事日化行业的世界 500 强企业，在近千人的选拔中，通过了多次中英文面试，顺利进入这家外企，在上海工作。在他离职前，已成为公司生产部门的主管，年薪 20 余万元。但此时有一个创业想法驱使他决定离开上海的外企公司到西安。

他筹集了 30 余万元，开始创业。他选择的项目是卖凉皮。因为亲戚中有人在从事凉皮生意，他已经研制出了自己的凉皮配方。弟弟曾在多家世界级快餐连锁企业担任管理工作，也来参与这个项目。但除了女友支持，他的父母、曾经的领导、同学都不理解他的行为。每天凌晨 5 时许，庄栋乘公交车将 40 多斤的凉皮从住地大寨路运往交大附近，中午 12 时出摊，晚 7 时后，再摆 3 个多小时的夜市。20 多天的运营，每晚都是接近凌晨才能到家。

"原来只是觉得上班累，现在真是在用命拼，一天收入也就近千元。"此前，由于西安交通大学毕业生创办的互联网餐饮品牌"西少爷肉夹馍"取得了成功，庄栋的想法肯定与前者不一样。他说："到时候，大家都会知道我如何利用'互联网＋'去改变凉皮了。"他觉得自己勇于放弃年薪 20 万的高职去创业，在人们的口碑中，是一个有志气、有抱负的创业者。

对此，有人赞同，有人不理解，也有人担心这样做会不会得不偿失。其实，赞同或不理解，只是在用不同的价值观衡量而已，而担心是没有必要的。在企业工作，永远是给别人打工，很可能一个错误就会断送前程。只有创业，才能有足够的安全感。如果不出意外，这位硕士研究生会成功的。我们无可厚非，在某种意义上还应该是褒扬他的。这毕竟是需要有勇气的个人选择，没有太大被复制的可能。

放手不代表放弃，不代表你输了。那只能代表你知道在那一刻你该放手了，然后继续生活。第一个吃螃蟹的人，需要勇气；第一个奔向太空的人，需要勇气；第一个攀登珠穆朗玛峰的人需要勇气。任何一种改变都不会一蹴而就，在破茧成蝶、凤凰涅槃的艰难时期，能否以最大的勇气坚持改变，才是难能可贵的。然而，现实中总有那么一些人，面对这种前进途中不可避免的艰辛，勇气不足、畏首畏尾，甚至消极对待。在此，你需要一种异常强大的勇气。除了强大，我们没有别的选择。

用 3000 美元环游世界，许多人会肯定地说那是不可能的事，然而有人却做到了，他就是留学英国的朱兆瑞。31 岁的他在英国留学时无意中从报纸看到了一则启事，要招募两名年轻人进行环球旅行，一个人向东走，一个人向西走，所有的费用都由刊登启事的报社支付，唯一的条件是旅行者需每天向报社写一篇文章。

朱兆瑞怀揣 3000 美元开始了他的环球旅行。为了最大限度地缩减开支，他设计了合理的旅行线路。他每到一个国家都会吃一些有特色的大餐。他每天的吃饭费用在 10 美元左右。有 30% 的时间住的是青年旅馆，40% 是星级酒店，其余大部分时间他住在朋友家。

靠着这种科学合理的方式他游历了世界 28 个国家和地区，并参观了世界 500 强公司。更令人难以置信的是，在他环球旅行中有一张最便宜的机票，从布鲁塞尔到伦敦，折合人民币 8 分钱！环球旅行结束后朱兆瑞写了一本名为《3000 美金，我周游了世界》的畅销书。他在书中写道："用勇气去开拓，用头脑去行走，用智慧去生活。"

有些事情我们之所以不去做，不敢去做，往往不是因为事情本身，而是我们认为不可能。许多的不可能，只存在于人的想象之中。而愿望与成功之间事实上并非遥不可及，只不过是需要我们有跨越的勇气。我们每个人的脑海里都有很多美妙的计划，可是又有多少人有勇气将这些都变成现实呢？唯有拿出勇气去行动，你的美妙梦想和计划才有意义。

所以，你想要成功，一部分是需要你具备改变或是创新的勇气。有时，我们在确定一个目标后，还没有行动之前，头脑中就形成了太多不可能，这些像枷锁一样禁锢了我们的勇气、信心和智慧，使许多原本可以实现的目标成为不可能。其实，在我们抵达目标之前，许多的不可能只存在于我们的想象当中，我们应该告诉自己：没有绝对的不可能，只有相对的不可能。不付出勇气，不坚持目标，不发掘自身的智慧，就无法与成功握手！

10. 有对成功的渴求，你就要永远不为退缩找借口

在困难面前，我们不能退缩或止步不前，要勇敢战胜它。因为人生难免遇到一些波折，要是一遇困难就退缩，或者觉得自己在这方面不会有成就，坚持不懈地努力，不然无法成功。

一个人绝对不能在遇到危险的威胁时，背过身去试图逃避。若是这样做，只会使危险加倍。但是，如果立刻面对它，毫不退缩，危险便会减半。永远不要为退缩找借口，这只是生活对我们的考验而已，战胜了它就离成功和幸福更近了一步。

为什么总有人在做事情失败的时候，会找种种借口为自己开脱，那是因为他们害怕承担错误，害怕被别人耻笑。故而性格里的心虚就占了上风，当遇到困难时就退缩，并找理由来告诉自己："不是自己不努力，而是环境不允许。""等下次再遇到这样的问题时，我会这样那样的做！"等等。

如果你觉得自己是成功人士，那你的眼里不应该只有失败，只能说暂时你还没有成功，不要为自己找借口，在你为自己的失败辩

论的同时，也增加了对方对你不好的印象，或是认为你在为推卸自己的责任而找借口，这在职场上常会遇到这样的事，当领导安排员工工作时，常有人不服从安排，这就可以看出员工松懈的工作态度，因为工作是不需要找任何借口去执行的。

在困难面前，我们不能退缩或止步不前，要勇敢战胜它。因为人生难免遇到一些波折，要是一遇困难就退缩，或者觉得自己在这方面不会有成就，坚持不懈地努力，不然无法成功。记得曾有一句话："莫找借口失败，只找理由成功。"说明了这一点，要不断地发掘成功，而不要总给自己失败找借口。

"没有任何借口！"现在你所吃的苦、受的累，都是你对自己的训练。是在为你的成就而搭建的阶梯。如果你刚入职场，就有做不完的事情，加班、加班，还是加班。你摸索着公司的规矩，但你的同事懒得花时间给你指点，你通宵赶出来的一个文件，又因细节上的一些失误而被老板狠狠批评。此时你一定会觉得好委屈，为什么这么辛苦得不到肯定？也许刚巧你在感冒都没有休息，但一点点小错误却得不到谅解。可对于工作而言，就是没有任何借口。

陆兰婷是上海东方广播中心一名民生记者，在她看来，民生记者就是要反映和解决老百姓身边的急、难、愁问题，而记者则离不开暗访。暗访存在一定的危险，为了正义，她从不退缩。在她的记者生涯中，她曾经以旅客的身份混入贩卖火车票的黄牛圈子里；为了与贩卖枪支弹药的犯罪分子接头，她扮演了一个为父报仇的强悍女子；为了获取制造、贩卖假烟的证据，她在假烟窝点附近来回

"闲逛"了三天，在摸清每天的进货、出货的时间后，联系警方一举抓捕。

有一次，听众反映，上海一个三级甲等医院将病人盖过的脏被子不经洗涤和消毒，再给其他病人盖，甚至将死人盖过的被子也给其他病人盖。为求新闻真实性，她壮大胆子夜探医院停尸房。在停尸间回来的那天晚上，正好她老公出差不在家，女儿住校读书也不在，因为害怕，她把家里的电灯和电视机全部打开，一夜没敢睡觉。"你暗访时怕不怕？""怕，真的很害怕。"每次被问及这样的问题，陆兰婷总是答得坦率。但她只要听众有困难，不管大事小事，是否具有新闻价值，陆兰婷都会挺身而出，全力相帮。

恐惧是世上最摧折人心的一种情绪。陆兰婷与它抗战，并借着帮助情况不及自己的人们，而克服了它。任何人只要去做他所恐惧的事，并持续地做下去，直到有获得成功的记录作后盾，他便能克服恐惧。若想成为人群中的一股力量，便须培养热忱。人们因你的热诚而更喜欢你；而你也得以逃离枯燥不变的机械式生活，无往而不利。不会有别的，因为人类的生活就是这样，把灵魂放入工作之中，你不仅会发现每天中的每小时都变得更愉快，而且会发现人们都相信你。

所以，永远不为退缩找借口。"看似平常最崎岖，成功容易却艰辛"加上你坚持不懈的努力和顽强的毅力，就能获得成功。如果你不愿承担责任、拖延、缺乏创新精神、不称职、缺少责任感，悲观态度等，这些看似冠冕堂皇的借口背后隐藏着多么可怕的东西。一旦养成了退缩和找借口的习惯，你的工作就会拖沓、没有效率。抛弃它们，你就不会为工作中出现的问题而沮丧，甚至你可以在工作中学会大量的解决问题的技巧，这样退缩和借口就会离你越来越远，而成功会离你越来越近。

11. 借别人的力量，你也能实现自己的梦想

在自己的力量还没有足够强大的时候，借助别人的力量，实现自己的梦想。它带给我们强大的力量，这种力量是无坚不摧的，它可以帮我们获取我们想要的一切，它可以帮我们扫清前进道路上的一切障碍！

每个人都有自己的长处和短处，我们要充分利用自己的长处，还要想办法利用别人的长处。很多时候，个人的智慧是有限的，单凭个人的力量是远远不够的，当我们遇到无法逾越的障碍时，与人合作，借助他人的力量来实现自己的梦想，能达到两全其美的目的。

对于一个人来说，要获得进一步发展，更免不了借助别人的力量。现代社会越来越开放，靠个人单枪匹马独闯天下的时代已经过去，一个人艰苦奋斗的同时，还要学会借力，这样更容易实现自己的梦想。换句话说，就是要调动外界一切能力而为我所用，迅速达到成功的目标。别人有时是你接受成功或走向成功的桥梁与阶梯，如名人、亲戚、朋友、同学的地位、名望、财富或权力等，他们的

力量更能帮助你寻找到成功的捷径。

在社会中所谓的干才，并不是把每件事都干得很好、样样精通的人，而是能在某一方面做得特别出色的人。比如，一个会写文章的人，我们认为他管理起人也一定不差。但事实上，管理人员与他是否会写文章是毫无关系的，他必须在分配资源、制订计制、安排工作、组织控制等方面有专门的技能，但这些技能并不是一个善写文章的人所具备的。

一个小男孩在他的玩具沙箱里玩耍。沙箱里有他的一些玩具小汽车、敞篷货车、塑料水桶和一把亮闪闪的塑料铲子。当他想在松软的沙堆上，修筑公路和隧道时，他在沙箱的中部，发现了一块巨大的岩石。小家伙开始挖掘岩石周围的沙子，他企图把那块岩石从泥沙里面弄出去。他是个很小的小男孩，他用手推、用肩膀挤、左摇右晃，一次又一次地向岩石发起冲击，可是，每当他刚刚觉得取得了一些进展的时候，岩石却又滑脱了，重新掉进了沙箱。

小男孩只得哼哼直叫，使出吃奶的力气猛推猛挤。但是，他得到的唯一回报就是岩石再次滚落回来，一不小心砸伤了他的手指。这时父亲来到他的跟前，因为这整个过程，他在起居室的窗户里看得一清二楚。父亲说："儿子，你为什么不用上所有的力量呢？"垂头丧气的小男孩抽泣着说："我已经用尽全力了，爸爸，我已经尽力了！我用尽了我所有的力量！"父亲亲切地纠正说："不对，儿子，你并没有用尽你所有的力量。你没有请求我的帮助。"父亲弯下腰，抱起岩石，把岩石搬出了沙箱。于是一切都解决了。

这个故事虽然很简单，但是其中的含义却很深刻。我们每一个人如果想把一件事情做好，那就要学会利用一切力量来做好它。但绝大多数人都认为，自己要想办好一件事情，前提必须依靠自己的全部力量，这也就是经常说的主观努力。而很少有人会考虑到，如何运用自己身旁的可以运用的力量。有些事，单是靠自己的主观力量是很难办好的，还需要运用好有条件的客观力量。当然我们说依靠客观力量的帮助，不等于依赖。依靠有时候会是积极的，而依赖则是消极的。

我们都有自己的梦想，我们的生活就是因为梦想而支撑起来的，哪怕你现在没有钱，哪怕你在学校一直被认为是坏学生，或者你昨天刚刚失败过，又或者今天早上被你的老板大骂了一顿，这些都无所谓，只要你还有目标，那么这一切都是浮云，始终都会散去！如果你没有目标，我可以 100% 地肯定：你注定要活得比别人累，你每天都会浑浑噩噩，整天不知道做什么！

在自己的力量还没有足够强大的时候，借助别人的力量，实现自己的梦想。它带给我们强大的力量，这种力量是无坚不摧的，它可以帮我们获取我们想要的一切，它可以帮我们扫清前进道路上的一切障碍！我们成功的路上要善于借助他人的力量，这才是一个聪明的人。成吉思汗就是善于借助他人的力量。铁木真当年进攻蒙古时兵力不济，后来联合草原雄鹰札木合，一举歼灭其他部落，等他与札木合争雄时，又联合王罕，打败了札木合，奠定其草原霸主地位。

所以，借别人的力量来实现自己的梦想，的确是一个不错的方法，它能帮助我们成功并成就你的梦想。怎样才会有这种变化呢？非常简单，从现在起你告诉自己："下周，我不想独自吃饭，我要安排与需要进一步了解的人共进午餐。"然后你抓起电话，开始约会吧。结果一再证明，在如今社会中，一个人想独自向前很难成功，而有一种更好的生活方式，是借助他人的力量，可以让你在短时间内取得令人吃惊的进展。

永不放弃，做自己的英雄

12. 生命容不得太多错过，你要握紧眼前那根麦穗

生活对我们每个人来说，都充满着通过新的努力和新的姿态脱颖而出的第二次发展机会。我们不应限制自己，固守一隅。对于第二次机会，所需要的是及时认识并果断行动的能力。你只要紧握属于你的那根麦穗，就是最美的收获。

人的生命是有限的，机会也不可能永远摆在那儿，我们必须摒弃心中的贪念，摆脱各种各样的诱惑，及时做出决断，摘下那一根颗粒饱满的"麦穗"，紧紧地握住它。无论你做什么事，失掉恰当的时节、有利的时机就会前功尽弃。

等待机会，是一种十分笨拙的行为。在生活中，机会总是稍纵即逝，善于识别与把握时机是极为重要的。在一切大事业上，你在开始做事前要像千眼神那样察视时机，在进行时要像千手神那样抓住时机，不然就失之交臂，终生遗憾。

人生犹如行走在一片漫无边际的麦田里，我们都在盲目地寻找那一根所谓的最大"麦穗"，从千分、万分之一中找到属于自己的那

个机会，有人瞻前顾后，停滞不前；有人东张西望，优柔寡断。结果，往往捡了芝麻，丢了西瓜。追求最大的"麦穗"并没有什么不对，但把眼前那根麦穗握在手里，才是最实在的，也是最聪明的做法。

苏格拉底和他的学生们做过这样一个试验：在麦田里摘取最大的麦穗，条件是只许进，不许退，最终的胜利者将获得特别嘉奖。学生们高高兴兴地走进麦田，然后认真地搜寻着最大的那根麦穗。麦田里的麦穗成千上万，并且大小看起来都差不多，到底哪根才是最大的？他们看看这株又瞧瞧那株，有时找到两根自认为最大的麦穗，但与后面摘到的一比较，发现它不是最大的，就随手丢弃了。

学生们始终没有找到最满意的那根麦穗，他们走到麦田尽头时依然两手空空。苏格拉底微笑着对学生们说："这块麦田里肯定有一根最大的麦穗，但你们不一定看得见，即使看见了，也无法准确地判断出来，因此，摘到你们手里的才是最大的麦穗。"这时学生们纷纷懊悔起来。

他们一直觉得前面的机会还有很多，最好、最大的在后面，所以不急于下手，然而机会一旦错过就再也找不回来。这好比我们在工作中，无论你喜不喜欢、愿不愿意从事现在的工作，既然你现在从事了这项工作，就要排除杂念，全身心地投入目前的工作中。不要"这山望着那山高"，以为好机会都在后面，其实却是一次次地错失良机。让属于你的机会，在犹豫不决中被溜走。

生命容不得太多错过，既然我们无法未卜先知，那么唯一可以做的，就是在起点给自己一个合适的定位。着眼于当下，脚踏实地地珍惜每一次打磨自己的机会。卡耐基说过："我们多数人的毛病是当机会朝我们冲奔而来时，我们兀自闭着眼睛，很少人能够去追寻自己的机会，甚至在绊倒时，还不能见着它。"

幸运随时都可能降临，要留意任何可利的瞬间，如果你因为看到一种比先前你的生活更有意义的方式时，有可能需要抛弃一生的事业前途，那是需要很强的个性的。

当你有一个目标实现后，你的下一个目标就会在这个基础上更上一层。虽然人生短暂，但你可以体验到很多有意义的尝试，这不乏为你的生命增添了别样的华美。

所以，好高骛远的人终将一无所获，紧握你眼前的那根麦穗吧！扔掉欲望，不因前方更大的麦穗而心动，也不因手中干瘪的麦穗而懊恼。生活对我们每个人来说，都充满着通过新的努力和新的姿态脱颖而出的第二次发展机会。我们不应限制自己，固守一隅。对于第二次机会，所需要的是及时认识并果断行动的能力。你只要紧握属于你的那根麦穗，就是最美的收获。

第三辑　只要你的信心尚在，
一切都会好起来

人生很多事，不是一条直线。我们在追求梦想的道路上，难免会出现重重困难，难免会迷惘，难免会怀疑自己，但这些都是正常的，只要你的信心尚在，一切都会好起来。因为你有自信，雨过天晴后的阳光一定会特别为你而灿烂。

1. 你相信自己的话，不起眼的配角也能成为大明星

在生活中，每个人都是自己生活中的主角，但同时也是别人生命中的配角。人是永远不可能孤立地存在。故而在整个社会中，我们所担当的不过是不起眼的配角而已。

身边一些不起眼的小事，往往能最终做成一件大事，但这必须要有坚持的精神。这就如同上层建筑，必须要有下层的基础一样。生活中你所坚持的小事，是为你的未来打基础，它不断地在把你培养和训练成为拥有别人无法拥有的本领，而这个本领是能让你成为傲立于群星中的闪耀明星。

人生并不是每次选择都正确，也不是每个机会都成功。我们总是在一件事情未开始前，就天真地幻想，如果这件事情做成功后，你可以有多大的收益和多大的成就。可我们从不倒过来想，在这成功之前，需要做好哪些准备。也就是在机遇面前，你用何种姿态来对待它，是信心饱满地欣然接受，还是两手一摊地无能为力？或是如临大敌地后悔起当初没有下苦功，而现在只能眼睁睁地看着机遇

促成别人的成功。

　　有时我们并不知道现在所做的一些看似无用，或者是很微小的事，对自己以后的发展有什么作用。可能很多人因为追求"效益"而放弃了原本喜欢或是一直在做的事，这是十分可惜的，因为成功往往需要时间来显现，而在这之前，你放弃了认为无用的事情。成功并不像你想象的那么难，也不是因为事情难我们不敢做，而是因为我们不敢做事情才难，哪怕它是很微小的开始。

　　1962年9月17日出生于澳洲新南威尔士的巴兹·鲁赫曼，在他小的时候听了一场精彩的关于"拍摄故事"的演讲后，他受到深深的鼓舞，在演讲结束后，他去问这名演讲者："我希望长大后能去拍电影，请问，我是不是得经过正规影视方面的教育，或是经历一些特定的人生历程，才能正式开始拍摄电影?"

　　演讲家微笑着回答他："不！你不需要等到别人允许时才开始讲故事。待会儿回家的时候，你就可以自己想一个故事，并在纸上写下来，然后拿上拍摄设备。你可请你的家人帮忙饰演故事中的角色，以便你马上开始拍摄。你能做到吗?"

　　"我想我做得到！"巴兹的确做到了。从此以后他不放过任何一个拍摄故事的机会，只要是他觉得有东西可拍，就会聚精会神地用相机记录下来。身边的人都当巴兹不存在，不管是被他拍到还是没有被拍到的，都只管做自己的事情。

　　巴兹的第一份工作是加油站的服务员，每当有车子缓缓驶进加油站时，他就会观察不同人的不同性格，以及在他们身上会发生的一些不同事件。这逐渐让巴兹养成了善于观察的习惯。随后，巴兹获得了一个学习戏剧和电影的机会。毕业后拍摄了电影《舞国英雄》，在戛纳电影节一举获得十几个奖项，从此他的人生将变得完全不同，他走上了华丽的导演生涯。

你今天不起眼的努力，也许在明天就是了不起的成功。巴兹·鲁赫曼从小就为自己的兴趣爱好而努力地培养着自己，在他拥有摄影的梦想时，别人都把他当成"透明人"，这让他拥有了更多、更好的角度去观察别人。加油站的工作，在他看来除了加油以外，就是读懂各种各样的"角色"，这离帮助演员理解并呈现整个故事的导演职业已经很接近了。

或许很多人都觉得当初巴兹·鲁赫曼的努力很不起眼，可他的成功告诉我们一个道理，那些"不起眼"，不受人们关心、不被人们注意，而依然坚持的人、事、物都能绽放出精彩、发出闪耀光芒。由于他们的平凡坚守或是发自内心的热爱，而切合题意的发展为了自己的成就。

塞缪尔·杰克逊是美国的影视演员、制片人。在2011年10月，吉尼斯世界纪录宣布塞缪尔·杰克逊以参演影片总票房74亿美元成为世界上票房最高的演员。在他40多年的演艺生涯中，他扮演的大多数是配角。在1972年时，他像所有渴望成功、成名的年轻人一样来到了纽约，希望有朝一日能演个主角，然后一炮走红。可做名演员对塞缪尔来说，并没有想象的那么简单。他之前学的是建筑专业，从事表演最多只能算个半路出家。又没有熟识的导演和演员为他引路，并且他还有一个致命的硬伤，就是口吃。从长相上看，他不够英俊，不具备得天独厚的优势，况且他还是一位黑人。尽管如此，他坚信自己是金子，总会发光，只要肯努力，总有一天能成为大牌明星。

可现实就是这么残酷，塞缪尔去了很多家电影公司，但都被导演或制片人拒绝了，理由很简单，他没有什么特别出众的地方。塞缪尔不禁有些心灰意冷，他问自己，难道我天生就不是演戏的料吗？正当塞缪尔准备放弃做一个演员时，他的父亲打来电话，语重心长地对塞缪尔说："孩子，一株玫瑰，它上面没有几朵红花，但绿叶却有无数，你为什么不放弃红花，而选择绿叶呢？花有花的美丽，叶有叶的灿烂，谁又能说绿叶不如红花呢？"父亲的话给了塞缪尔很大的启发，从那以后他不再梦想着当主角，而是选择别人看不上的配角，并将配角当作主角来演，哪怕只有很少的戏份，他也会付出百分之百的努力。功夫不负有心人，他终于从配角走向了主角。

在生活中，每个人都是自己生活中的主角，但同时也是别人生命中的配角。人是永远不可能孤立地存在。故而在整个社会中，我们所担当的不过是不起眼的配角而已。塞缪尔的父亲说："为什么不试着从一个配角做起呢？"塞缪尔也想："一部电影，光是主角唱不完这台戏，配角也很重要，既然如此，那我就做好绿叶，陪衬好红花。"他的努力没有白费，他那种冷漠中带有一点质疑的表演风格受到了人们热烈的追捧，他也从一个不起眼的配角成了闪耀的明星。

所以，不要小觑不起眼的配角，通过自身的努力后，是能成为闪耀的明星的。也许人们会发现，没有出色的配角，主角也不那么生动了。它的存在是有意义的，而这个意义也会引导着你走向最终的成功，只要你有相信自己能成功的这个信念，它比成功本身更重要。当你在实现自己的梦想，走向成功的时候，人们早就忘了你当初那个配角的样子，而在他们的心中，你一直都是主角，永远都是主角。

永不放弃，做自己的英雄

2. 只要心中有激情，你的未来就充满希望

没有激情的事业，只不过是惨淡的经营，哪会有轰轰烈烈的辉煌。没有对事业的热爱、追求、努力、奉献，直至献身的精神，就没有充满力量的精神，你的成功是不会长久的。

美好的生活需要积极的充满正能量的激情，就像平静的湖面之下，有暗流涌动一般，做任何事情也都要有一股劲，一种精神，这种精神和劲头往往从发自内心的热情中体现出来，只要心中有激情，你的未来就充满希望。

我们的人生离不开激情。有了激情人生就有了更多的梦想、热爱和追求，也就拥有更多的成功、故事和精彩。激情可谓是人生的增色剂，它让我们的生命多姿多彩，让生活有滋有味。只有当你的生活注入激情后，才会精彩纷呈，展示出你的华丽光芒。

人生需要激情的同时，也需要一些感动。在激情中感动自己，以便能从中体会生命的丰盈和力量。如果你的生活失去感动，就无法体会生命的美丽与成长。没有激情的生活是单调无聊的生活，谁

会愿意一生就此平淡而过？没有激情的人生更是苍白的人生，回望过去的历程，你将一无所获。

可激情也是有阶段性的，在激情过后，面对更多的是冷静和平淡、理智和反思。在我们的人生旅途上，除了激情之外，更需要不断地行动。行动力是一种能力和态度，也是一种习惯和风格。激情只有在不断地努力和行动中，才能更好地生根、开花和结果，才会更有生机和活力，更有希望和潜力。

功夫不会辜负有心人，如同画家徐悲鸿一样，他的每一句话及每一幅作品都闪耀着激情的光芒，虽然他一生在事业和家庭上经历了无数的坎坷和磨难，但对艺术的痴情、热爱和执着丝毫不减，在战争年代，为了保护艺术珍品，不惜付出一切代价，他将珍藏的艺术品视同于生命，甚至高出了生命。

1895 年 7 月，徐悲鸿出生在江苏省宜兴县屺亭桥镇，一间临水而筑的简陋茅屋里。他的父亲是一名民间画师，在当地小有名气。家里挂满了他父亲的字画，幼小的徐悲鸿耳濡目染，对书画产生了浓厚的兴趣。13 岁的徐悲鸿跟着父亲到邻近的县镇卖画，以谋全家生计。不久，父亲去世，家里却连一点安葬费也没有。作为长子，徐悲鸿挑起了家庭的重担。他含泪向亲戚告贷办丧事。19 岁的他过早地体会到了生存的艰辛和人世的无常。

然而，在贫穷的农村，靠绘画根本不能谋生，于是他决定去上海寻找出路。1915 年夏末，他前往商务印书馆，求见《小说月报》主编，虽答应让他为中小学教科书画插图。但第二天，当他再次来到商务印书馆时，又被告知另一个主事人认为他的画不合格，将他刚燃起的希望之火又浇灭。徐悲鸿跟跟跄跄地跑出大门，一直跑到黄浦江边，看着滚滚而去的江水，真想纵身一跃，从此万事皆休。在生死间彷徨之际，他想到家乡的乡亲和弟妹们殷切期盼的目光，流下了酸楚的泪水。为了自己的前程，他不能就此轻易认输。

1919 年 3 月，徐悲鸿考入巴黎高等美术学校，以校长费拉孟为师，并于 1920 年冬，被法国享有盛名的画家达仰收为学生，每个星期天都去达仰的画室学习。一年之后，徐悲鸿的油画就受到法国艺术家的好评，此后数次竞赛，他都得了第一，个人画展轰动了整个巴黎美术界。

徐悲鸿在自己短暂而辉煌的人生中创造了不朽的功绩，他的名字和成就永远载入世界艺术的史册。他无论对待生活还是绘画都充满了希望，并投入激情与努力，现实了自己的人生价值。他在绘画中的造诣，源于自身对艺术的执着追求。我们在工作中，也应该将工作当成自己的追求，为自己而工作，这样就会乐观向上，情绪高昂。

"今天工作不努力，明天努力找工作。"事业是人生的需要，也是人生的一部分，更是养家糊口的一种途径。没有激情的事业，只不过是惨淡的经营，哪会有轰轰烈烈的辉煌。没有对事业的热爱、追求、努力、奉献，直至献身的精神，就没有充满力量的精神，你的成功是不会长久的。

所以，咬牙冲过去的痛苦就是快乐。你必须拥有激情，这样才不会产生怠惰的情绪，更加拼搏的力量，提高自己的效率，这就是成功的方法和诀窍。可成功除了目标计划、选择定位、努力拼搏、不断付出外，还离不开激情的帮助。只要你的心中永远充满激情，你的未来才会不断拥有希望。

3. 没理由不自信，你也拥有许多美好的东西

只要心情好，一切都会很美好。直视自己的畏惧，擦干自己的泪水。每一天醒来，你都要比前一天更强大。我们有时很害怕失去，可往往越是紧张的东西就越会让你纠结，而越怕失去的东西，又往往会离你而去。

人生路上，许多人拼命地追求着自己没有的东西，而忽略了自己拥有的东西，结果顾此失彼，陷入了无边的烦恼之中。其实，每个人都是独一无二的，都有自己的长处和短处，只有懂得扬长避短，不自暴自弃，才能发现原来你也拥有许多美好的东西。

人活着是一种心情，穷也好，富也好，得也好，失也好。只要心情好，一切都会很美好。直视自己的畏惧，擦干自己的泪水。每一天醒来，你都要比前一天更强大。我们有时很害怕失去，可往往越是紧张的东西就越会让你纠结，而越怕失去的东西，又往往会离你而去。没有人能确定自己一定会抓住一些东西，唯有快乐是自己拥有的。

我们应该学会转移心情，因为只有这样才能从悲伤中挣扎出来，才会让自己快乐起来，学会向前看，生活的节奏太快来不及回首。在生活中只有开心度过每一天，才能活得精彩。我们知足，是因为只有这样才会觉得现在的生活是多么美好。

在美国加州，有一个男孩，他的家庭十分贫穷，每天穿的衣服又破又旧，却很干净。他上学的时候，连一支像样的钢笔也没有，更要命的是，这个孩子有一条腿因先天残疾而走起路来一瘸一拐。他是个可怜的孩子，原本不英俊的脸上还长了一块红色的胎记。也许你觉得这样的孩子会自卑得一辈子都抬不起头，毕竟很少有人能够坦然地面对自己身体和心灵上的缺陷。然而，这个男孩却十分快乐，也充满自信。他在学习上不仅遥遥领先，还擅长演讲和文学创作，他时常会出现在学校举办的各种活动中，不管能不能获奖，他都积极地参与，没有一点不合群和孤立的迹象。在课余，他喜欢唱歌和打乒乓球，虽然老是有人嘲笑他，可他一点也不在乎，总是乐呵呵地面对大家。

有次，他的一位同学好奇地问他："你腿又瘸，脸又丑，家里又穷，为什么你却生活得如此开心、如此幸福呢？"他微笑着回答道："因为我有爱我的父母，有关心我的老师，有可爱的妹妹，有温馨的小屋，有灵巧的双手，有乌黑的头发，有洁白的牙齿，有每天跟着我上学的黄狗，有四季飘香的月桂……"如果不是同学打断他，相信他还会继续说下去。大家完全没有想到，在这个丑陋的小男孩眼里，竟然有如此多美好的事物，而在他们的眼里，几乎全是不幸与哀伤，虽然他们的家庭比他富裕，他们的长相比他漂亮，他们的身体比他健康，但他们拥有的快乐却并不比他多。

此刻我们才明白，如果你只看到自己没有的，你会越来越失落，越来越自卑，越来越痛苦，因为你没有的东西实在太多了。但如果你只看自己拥有的，那情况就截然不同了，你会变得越来越快乐，越来越自信，越来越幸福，因为你拥有的东西实在太多了。

人生路上有两件事让人难过，一是被人忌妒，二是被人可怜，用一个最好的心态，手放在口袋里，眼睛向前看，别人的心思我不猜，走自己的路，磨自己的脚。别人的好与坏，自己思路太慢，实在没时间去考虑别人的成与败。

10年前，罗永浩还只是个居无定所的北漂。可是，却因一份漂亮的简历，他敲开了新东方的大门，成了人人羡慕的英语老师。而当时的罗永浩，还在为欠了房东两个月的房租而发愁，他只能用早出晚归来躲避房东催租。为了省钱，他几乎不敢有娱乐活动，但他有个爱好，就是看原版的英文小说。

一次，罗永浩在报纸上看到新东方正招聘老师，还提供食宿。生活窘迫的他决定试试新东方的这次机会。经过初试、复试，就差最后一轮看结果了。却不想接到了新东方人力资源部的通知，说是校长要亲自面试。而且还附加了一条：为了节约校长的时间，请各位面试者务必准备一份不超过30字的简历，在一周后过来面试。罗永浩在心里对自己说："我一定可以交出不超过30字的简历。"那几天，他花了几个晚上的时间，把自己一份完美的简历画得乱七八糟。最后，毫无办法的他，在纸上画着自己头像的简笔画，以便慢慢思考。

他在头像最上方，写下了自己的名字，就在此时，他用笔狠狠戳自己纸上的脑袋，骂自己真笨。想不出30个字的短简历来，这样无心的动作却给他带来了灵感：只是要求字数不超过30个，又没说不准画画，我何不把自己的特长、工作经历画出来呢？只适当地用字标注就行啦！说干就干，没用多少时间，他就把一份漂亮的简历完成了。很显然，正因为他的努力，最后顺利通过了俞敏洪校长的面试。

在生活中要学会承受，因为在人生当中总是发生一些突如其来、让人意想不到的事情，别无选择，只是默默地承受，并勇敢地面对。学着从痛苦中坚强地爬出来，因为人是从坎坷中才茁壮成长。不要过分地去苛求，也不要有太多的奢望。既然上天不偏爱于你，也不让你鹤立鸡群，那又何必去强求呢？金钱、权力、名誉都不是最重要的，它会随着你肉体的消亡而消失。人最重要的是拥有一颗感恩的心，善待世界，同时也善待自己。

世界再大，大不过一颗心。我们走得再远，远不过一场梦。前路曲折是好事，脚踏实地更要走好每一天。以平常之心，接受已发生的事。以宽阔之心，包容对不起你的人。知足就是不贪，已拥有了很多美好，从而让我们学会了知足与感恩。

所以，人的一生，我们可以积极地把握，也可以淡然面对。当你看不开时、当你春风得意时、当你愤愤不平时、当你深陷痛苦时，请想想它，不管怎么样，你总是幸运地拥有了这一辈子。没有来世。所以让我们从微笑开始！人活一辈子，开心最重要。拥有健康的体魄，在快乐的心境中做自己喜欢做的事情，安全地实现自身价值，是人生最大的幸福，原来你也拥有许多美好的东西！

4. 只要你的信心尚在，一切都会好起来

　　人生最遗憾的事，莫过于轻易地放弃了不该放弃的。你可以不拥有任何东西，除了对生活的激情和对未来的希望。人生有一条路不能选择，那就是放弃的路。有一条路不能拒绝，那就是成长的路。

　　别担心，一切都会好的。上天对每个人都是公平的，它在关上一扇门的同时，必定会打开一扇窗。无论你的生活多么糟糕，世界都为你预留了位置。拥有积极乐观的态度，是解决和战胜任何困难的第一步。你心中有爱，一切都会好起来的。

　　要相信雨点不会仅仅落在你一个人的屋顶之上。请相信你自己吧！大千世界总有属于你的角落。只要下定决心去克服恐惧，几乎就能克服任何恐惧。当你害怕时，就把你的心思放在必须要做的事情上。准备充分后，你便不会害怕。因为，只要你去做你害怕的事，害怕自然就会消失。人生就像不断地"碰钉子"，碰一回钉子，长一份见识，增一份阅历。如果天塌下来，还有大汉撑着，我们的整个生命其实就是一场惊险的体验。

当遇上一连串不顺心的事情时，我们总会说："今天实在太倒霉了！"可是你有没有想过，你越认为不顺利的时候，这运气也就越坏。因为你已经预测接下来的时间也会继续不好，于是下意识地把所有事情都弄得很糟。为什么你会从负面去看？人家对你一个友善的微笑，你认为是嘲笑。人家帮你一把，又觉得是在可怜你。那么你的心情当然只会更坏。

在很久以前，看过这样一个故事：

有个年轻人因心情不好离家出走，他漫无目的地到处闲逛，不知不觉走进了森林深处。在这里他听到了婉转的鸟鸣，看到了美丽的花草，心情也逐渐好起来，当他正准备愉快地回家时，一声长啸从他身后传来，原来有一只猛虎正张大嘴巴向他扑来。年轻人吓坏了，他拔腿就跑，在一棵大树下，看见有个树洞，就来不及思索地顺着树藤往洞里滑。

那只老虎在洞口四周踱步，久久不肯离去。年轻人的心悬着，想着是否有别的出口。当他的眼睛适应树洞黑暗的环境后发现，洞里盘着四条大蛇，此时正吐着长长的芯子瞪着他。而这时他手中抱着的树藤，也不负重荷地快要断了。怎么办？年轻人悲伤极了，爬出去有老虎，跳下去有毒蛇。面对上下都有死的危险，年轻人衡量了一下，树洞是死胡同连逃的地方都没有，而外面虽然有老虎，但是生机就在洞外，于是他选择爬到洞口等到老虎放松警惕的时候，逃脱了困境。

人的一生难免会遇到各种各样的问题和困难，你应该运用积极的心态去思考。如果要渴望成功，就必须调整心态，积极的同时，你不能忘记谨慎，能不能在困难中选择有生机的道路，还需要你自己冷静地判断。故事里的年轻人给我们一个启示：只要对生活没有失去希望，只要敢于奋斗和拼搏，一切都会好起来的。

如果你遇事慌乱、抱怨，并一脸苦相地不敢扛事儿，总在困难面前找借口推脱自己所付出的责任，那么你首先要改变自己的心态。忍不住痛苦，就见不到幸福。追求是一种目标，是一种理想，还是一种永远无法实现的幻想，追求无所谓高低贵贱。人生何尝没有过理想、没有过幻想？不管理想、幻想能否实现，生活不能没有目标，不能没有追求。

富兰克林·罗斯福39岁的时候不幸患上了脊髓灰质炎症，这场疾病让他以后只能待在轮椅上。在残酷的疾病面前，罗斯福没有屈服，反而以更大的勇气与决心在政治上一步一步攀上顶峰。

这是一场严峻的考验，比生死的考验更为残酷，也更叫人难以忍受。开始，他还竭力让自己相信病能够好转，但实际情况却在不断恶化。他的两条腿完全不顶用了，瘫痪的症状在向上身蔓延。他的脖子僵直，双臂也失去了知觉。最后膀胱也暂时性失去了控制。但最让人受不了的还是精神上的折磨。他从一个有着"光辉前程"的年轻力壮的硬汉子，一下子成了一个卧床不起、事事都需别人照料的残疾人，真是痛苦极了。在他刚得病的最初几天里，他几乎绝望了，以为"上帝把他抛弃了"。

但罗斯福受着痛苦的煎熬的同时，却又以平时那种轻松活泼的态度和妻子埃莉诺开玩笑。他理智地控制住自己，绝不把自己的痛苦、忧愁传染给妻子和孩子们。他不允许把自己得病的消息告诉正在欧洲的妈妈，以免母亲牵肠挂肚。当医生正式宣布他患的是脊髓灰质炎症时，妻子埃莉诺几乎昏过去，而罗斯福却只是苦笑了一下。他说："我就不相信这种病能够整倒一个堂堂男子汉，我要战胜它！"

为了不想自己的病情，他拼命地思考问题，回想自己走过的路，哪些是对的，哪些是错的。回想自己接触过的各种各样的政治家，他想到饱受战争创伤的欧洲人民，想到那些饥寒交迫、朝不保夕的社会下层的人们。为了总结历史经验，他不停地看书。比较系统地阅读了大量有关美国历史、政治的书籍。不久就出现了病情好转的迹象——他的手臂和背部的肌肉逐渐强壮起来，最后终于能站起来了。

苦难可以造就一个人，当然也可能压垮一个人。关键在于处在苦难中的人如何面对他所面临和忍受着的苦难。罗斯福面对病痛是乐观而镇静的，虽然这并不能使他所遭受的苦痛减轻，但是，乐观的态度使他又像从前那样生气勃勃了。他虽然仍卧床不起，但他相信这场病过去之后，他定能更加胜任他所要担当的角色，重新返回政治舞台。

所以，一切都会好起来的，即使不是在今天，总有一天会的。人生最遗憾的事，莫过于轻易地放弃了不该放弃的。你可以不拥有任何东西，除了对生活的激情和对未来的希望。人生有一条路不能选择，那就是放弃的路。有一条路不能拒绝，那就是成长的路。伟人之所以伟大，是因为他与别人共处逆境时，别人失去了信心，他却下决心实现自己的目标。只要你的心中充满对生活的向往，对人世间的情爱，那么你的生活会逐渐好转。

5. 挫折是一道"纸墙"，你要敢于捅破它

挫折可以使人清醒，磨难能锤炼我们的意志。看起来令人讨厌的艰难思量，也许就是苍天为人们设置的通过"八卦炉"之炼的有益经历。

当你想做一件事的时候，就要去不断地尝试，即使暂时面临挫折，可这挫折让你一点点改正自己，离成功越来越近。所以挫折是成功的入场券，我们要以一种积极的态度面对挫折，并且从挫折中学习。

挫折是人生必须经历的过程和成功必须付出的代价，受挫一次对生活的理解就加深一层，失误一次，对人生的领悟便增添一级，磨难一次，对成功的内涵便透彻一遍。你想获得成功和幸福，就必须领悟挫折、失败和痛苦。只有经过挫折的考验人才能蜕变，才能展翅高飞，走向成熟。痛苦和挫折是成功的入场券。

对于悲观者来说，挫折就是成功前面的一堵墙，这堵墙永远也无法被撼动；而一个乐观者，却知道这充其量只是一张纸，捅破它

就能见到幸福。如果你想成功，就必须经历挫折，当你感受最累的时候，也就是离成功最近的时候。其实挫折并不可怕，而最可怕的敌人是你自己。对于人生的挫折，我们应该振作起来，以阳光的心态面对一切艰难险阻，对未来充满美好的希望。

传说，有一个博学的人遇见了上帝，他生气地问上帝："我是个博学的人，为什么你不给我成名的机会呢？"上帝无奈地回答："你虽然博学，但样样都只尝试了一点儿，不够深入，用什么去成名呢？"那个人听后便开始苦练钢琴，后来弹得一手好琴却没有出名。他又去问上帝："上帝啊！我已经精通了钢琴，为什么您还不给我机会让我出名呢？"上帝摇摇头说："并不是我不给你机会，而是你抓不住机会。第一次我暗中帮助你去参加钢琴比赛，你缺乏信心，第二次缺乏勇气，又怎么能怪我呢？"

那人听完上帝的话，又苦练数年，建立了自信心，并且鼓足了勇气去参加比赛。他弹得非常出色，却由于裁判的不公正而被别人占去了成名的机会。那个人心灰意冷地又来到上帝面前说："上帝，这一次我已经尽力了，看来上天注定，我不会出名了。"上帝微笑着对他说："其实你已经快成功了，只需最后一跃。""最后一跃？"他瞪大了双眼。上帝点点头说："你已经得到了成功的入场券——挫折。现在你得到了它，成功便成为挫折给你的礼物。"这一次那个人牢牢记住上帝的话，他果然成功了。

对于世间任何一个人来说，所谓的一帆风顺，只不过是人们相互之间的美好祝福罢了。这位天资博学的人都无法一下子成名，也要经历挫折这一关，才能到达成功的终点，何况平凡的我们。我们都难以避免和经受着各种挫折与磨难，它们像是永恒的，伴随着每个人的身边，如果你选择它们，那么你就拥有了成功的入场券。

挫折可以使人清醒，磨难能锤炼我们的意志。看起来令人讨厌的艰难思量，也许就是苍天为人们设置的通过"八卦炉"之炼的有益经历。人生所受挫折与磨难，无非是学业不佳、工作不尽如人意，或者是个人无名无利，家庭关系不合，要么再就是不幸患有重病、绝症，甚至身残、肢体不全等，这些磨难都是对你做出的考验，坚持下去就能渡过难关。

法兰克·毕吉尔是美国保险业巨头，他在刚从事保险业的时候，一度如鱼得水，他拥有出色的推销能力，事业可谓一帆风顺。但当他满怀激情对未来充满抱负，准备在保险业大显身手的时候，却遭遇了工作"瓶颈"，并把他牢牢困住。他更加努力地出去跑业务，并使出浑身解数说服客户购买他推荐的保险。为了争取到每一个可能，他都要几次三番地登门拜访。然而令他沮丧的是，他如此努力却收效甚微。

那段时间，毕吉尔十分沮丧，对前途差点丧失希望，他甚至想放弃这个充满挑战的职业。一个周末的早晨，他又从噩梦中醒来，沮丧和不安依然陪伴着他，可这次他开始认真冷静地思考起解决的办法。可有什么好的办法能让他立即脱离困境，他随手翻阅自己一年来的工作笔记，并进行细致的研究，希望能从中找到答案。很快，一个念头闪现在他的脑海里。

毕吉尔从工作日志中发现一组奇特的数据，在一年中有70%的客户是第一次见面成交的，有23%是第二次见面成交，留有7%是在第三次见面后成交。他就有了一个大胆的举措，就是放弃第三次见面的那部分7%。结果令人吃惊，当年他的保险业务突破了百万美元，并引起业界的轰动。

　　一个人如果适逢大好机遇，就飘飘然，忘乎所以，看来似乎万事皆顺，指手画脚，呼风唤雨，可谓名利双得，心花怒放。但是，往往悲从喜出，祸从天降。就容易偏离人生的正确轨迹，就会不知不觉地陷入社会的沼泽地中，难以自拔，最终被泥浆所淹没。毕吉尔一直为自己而努力，他在成功的时候没有得意忘形，在遇到挫折时也没有放弃希望。正是他拥有了对挫折的"抗压性"，练就了他凡事想方法的习惯，当更大的挫折来临时，也能临危不乱，找到解决问题的方法。

　　所以，我们在遇到挫折或者经受磨难之时，最重要的是不能自我否定，不能自我践踏；不能失落失志，更不能怨天尤人；要明白黑夜之后是黎明，还要懂得雨过天晴后的彩虹更加绚丽。当挫折降临的时候，你要自强不息，坦然面对生活中的挫折和磨难。没有谁不经历挫折和失败。相反，我们正是在不断经历挫折，战胜挫折中成长和发展起来，由此可见，挫折是我们成功的入场券。

6. 不管别人说什么，你都要坚持自己的梦想

你要坚持自己的梦想，不管别人怎么说，这样你才能看到自己的未来，才能为自己所期望、向往的美好未来努力，它指引我们向前，让我们不会彷徨。

一个有梦想的人，永远不会错过任何一个成功的机会。即使失败了100次，依然有101次的努力。在这样的奋斗者面前，生命闪耀着熠熠的光辉。走自己的路，让别人说去吧。不管别人说什么，你都要坚持自己的梦想。

人们总是说面向太阳就会有希望，勇敢拥抱梦想就是追求未来和希望。梦想也是最好的信仰，就像旅途中的向导，黑暗中的启明星。它是我们心中最美好的愿望，是我们为之奋斗的目标，更是我们前进的动力。有梦想的人生是光明的，是精彩的。梦想犹如鲜花，没有灌溉，就不能绽放；梦想亦如舞台，没有努力，就没有喝彩；梦想还如航船，没有方向，就没有行驶。

坚持自己的梦想，它是人生唯一乐观的倚仗，是让生命澎湃的

源泉，是一个必须时刻带在身上的神奇包裹。带上它，你的心灵可以忍受任何困苦。打开它，你的人生可以创造无限奇迹。人生其实就是一场远行，远行时你可以没有车马盘缠，可以不带锦衣玉食，可以两手空空什么行李也不带，但一定要带上你的梦想。因为，梦想是最宝贵的财富，有了梦想，人才可以在无限的时空与未知的威慑下，使一天 24 个小时，有变化万千的可能。

在梦想这条路上，慢慢你会觉得只要坚持下去一切都能实现。少年时我们的梦是自己编织的伊甸园，它不够华丽，不够浪漫，也不够温馨，甚至长满荆棘，在伊甸园里不去种植粉色的玫瑰和紫色的薰衣草，只有大树和荆棘，对于你来说，实现梦想还需要勇气。

你心中的梦想，就是一个无形的信仰，仰起头颅太久脖子会很累，甚至会眼花，看不清一直坚持的信仰，找寻不到前进的道路。你的步伐开始沉重，甚至开始怀疑。可是仍有人坚持到最后。坚持，就像一个人独自走在广袤的沙漠，烈日炙烤，看不到一点希望，却不得不继续走下去。

所以，你要坚持自己的梦想，不管别人怎么说，这样你才能看到自己的未来，才能为自己所期望、向往的美好未来努力，它指引我们向前，让我们不会彷徨。展开翅膀，拥抱你的梦想吧，不要怕被前进道路上的荆棘刺伤，不要怕被残酷的现实撞得头破血流，只要心中有了梦想，纵是艰难、纵是孤独、纵是绝望也不会彷徨。它会带着我们飞过悲伤、飞过绝望，让我们在奋斗中坚强，在追逐中成长。总有一天，所有梦想都开花，你已到达梦想的彼岸！

永不放弃，做自己的英雄

7. 在绝境这堵墙背后，坚强的你会看到希望

人生绝境不可怕，可怕的是在绝境中无法奋起。毫无疑问，绝境是一种铸造伟大人生的境遇。一个人只要心灵不死，只要保持着心灵的不屈与英勇，绝境只能是给自己人生的又一次机会，又一种可能。

有些时候，我们确实需要紧逼的力量。使自己获得重生，让生命之树开出更加绚烂的花。人总是对现有的东西不忍放弃，对舒适平稳的生活恋恋不舍。但是，一个人要想让自己的人生有所突破，就必须明白，在关键的时刻，应该把自己带到人生的悬崖边上，在绝境这堵墙背后，你往往能发现希望。

由此想到我们的人生，在经历过世事的坎坷磨难之后，我们又发现，在生命的征途中，要想实现人生理想，我们既要学会直行，瞄准目标一往无前，又要学会拐弯，审时度势调整路线。尤其是在山穷水尽之时，要告诉自己，路并没有走到尽头，也许是我们该转弯了。

面对人生中的得与失、苦与乐，很多时候我们会固执于自己以往的成见，以至于无法排遣心中的苦闷与郁结，久而久之就会影响到我们的生活、心情。此时，我们为何不能停下脚步，给心灵一个休养生息的时间。或许换种方法，或许换种角度，或许换条路来走走，也许，事情会变得简单许多。

由于很早就辍学玩游戏，小刚很难找到一份满意的工作，可是他自己又不愿意去做服务员或者是一些体力活，最后转而成为一名网游职业代练，每天从 18 点打到第二天早上 8 点，白天就睡觉。月收入 2000 元左右，于是小刚就在网吧附近租一个屋子勉强度日。小刚说，自己在贴吧或一些通信工具上自己接单很麻烦，由于常常遇到不诚信的玩家，打完之后有时也收不到钱的，也没有办法讨回本该得到的费用。为了省钱，在网吧选择包夜消费每天通宵打单。

小刚曾经有一个小他一岁的女友，在一起的时候也幸福过，但是现在到了谈婚论嫁的时候，女方家庭要求男方购置婚房，但是这对于小刚及其家庭来说根本不可能。他有两个姐姐很小就出去打工了，一直在厂里上班，现在也嫁人生小孩了，姐夫家的情况也不是很好，根本没有能力帮他。于是小刚想到了卖肾，但这一想法被女友知道后阻止了。在女友家人的劝说下，女友最终还是离开了他嫁做他人妇。

女友离开后小刚还是像以前一样天天在网吧帮别人打单，一次偶然的机会接到一个单子，号主要求通过代练通交易安全一点，小刚一开始还不了解，在网上查了一下，原来这是一个可以担保的平台，通过这个平台，代练员按要求打完没有出现问题号主的费用才会转入代练员的账户里，同样，只要代练员打完单子没有违规也一定能拿到该得的费用。小刚想这也是对自己的一个保障，于是就同意了。

就这样，第一单顺利完成了，小刚还发现，代练通上有很多人在里面发布代练需求，看到有自己能打的价格合适直接接手就可以打了，也不用到处去找单子了，更不用担心打完后号主玩失踪。这样，小刚一个月也能赚到五六千元，有些时候还会更多。几个月后小刚就租了套大一点的房子，自己在家里拉了网线配置了电脑在自己家里打，后来还找了几个志同道合的朋友一起组建了一个工作室。

人生绝境不可怕，可怕的是在绝境中无法奋起。毫无疑问，绝境是一种铸造伟大人生的境遇。一个人只要心灵不死，只要保持着心灵的不屈与英勇，绝境只能是给自己人生的又一次机会，又一种可能。小刚选择的生活，让他一次次在饥饿中徘徊，但最后他找到了希望。绝境给予人的启悟是难以估量的，它是理性人生的转折点，是使一个人摆脱平庸世俗的家园，同时又是渺小人生的葬身地。

绝境成全的是那些杰出的英雄，也成全了那些世俗的过客。杰出的英雄因走进了绝境而顿悟，使自己的人生焕发出了灿烂的光芒；平庸的过客因走进了绝境而被逐出了这个世界。

常常能想到"绝境"这个凄凉的境遇。比如苏东坡，被放逐到僻远的黄州，远离自己的家眷，处在了绝境的境遇之中。但是，这个绝境却成全了苏东坡。凄苦的黄州生活，那种富丽世界的轰然倒塌，这种混迹于樵妇渔夫间的身影，使他得以体察认识民间的疾苦，从而使我们这个民族，从此有了优美的诗文。再比如远在法国的那个因穷困潦倒被债主所逼躲到一个小破阁楼上逃债的巴尔扎克，到了只靠喝咖啡充饥的绝境，终于悟到了那世界的虚荣与奢华原不是为自己而设的。于是发愤写作，人类从此有了伟大的《人间喜剧》。

美国有一名作曲家乔治·格什温。他从来没有写过交响曲，而当时美国最著名的斯坎德爵士乐团的指挥家，却对他十分赏识。邀请他为交响乐团写一部交响曲，但是，固执的格什温声称自己对交响乐一窍不通，不肯从命。而后，这位指挥家竟然在报纸上刊登了一则广告，说二十天后，音乐厅将上演格什温的交响乐《蓝色狂想曲》。格什温看到广告，大惊失色，质问指挥家为何令他出丑，指挥家微笑着说，反正，全城人都知道了，你看着办吧。格什温没办法，只好将自己关在屋子里，硬是用两周的时间，完成了这部作品。谁知首场演出竟大获成功。格什温的名气也迅速传遍美国。

没路可走，才会拿出所有的智慧去寻找路径。彻底地没有了希望，绝望才会焕发出不可遏止的能量去寻找希望的光芒。失败了，败得一无所有，败得前功尽弃，才没有了任何先前的框架与束缚，全身心地去探索新的可能。人生中，心灵的坚强与勇气是主导方向的罗盘。一个人只要心灵不死，只要保持着心灵的不屈与英勇，绝境只能是给自己人生的又一次机会，又一种可能。

所以，在绝境这堵墙背后，往往站着希望。因为，它是一个阶

永不放弃，做自己的英雄

段的人生结论，而不是人生的全部。人生是由无数个局部的片段组成的，我们所看到的任何一种人生，不论其光芒万丈还是穷困潦倒都不是其真正的面貌，都只是其中一个阶段的写照而已。绝境是一种铸造伟大人生的境遇。置之死地而后生，这个策略在不可尽数的历史战争中被使用过，又一次次地提供了胜利者的印证。

8. 你要相信，每一个黑夜都是为了迎接白天的到来

在这世界上没有什么事是不可能的，为了生存巨蜂们勇于改变自己，就算是先天不足，也在努力地向着好的方向发展着，这是一种基于现实的超越，体现了一颗强者的心。

走了很多路，仅存的耐心也磨光了，心也疲惫不堪，不知道下一步该如何走下去，最无奈的是突然发现原来你一直在兜圈子，又走回了原点，想想是挺无奈的。但你要重拾信心，放下心中的包袱，勇敢地面对生活，勇敢地面对挫折，最后成功终将能见证你的奇迹。

没有什么是不可能的，之所以不可能，是因为你没有在困境之中奋起，没有尽一切努力去拼搏。我们生命中的所有经验都不是一成不变的，只要你有无比坚定的信心和勇气，奋起努力地拼搏，一切都有可能。

生活的机遇有时就像一扇门，你站在门外。面对这扇或斑驳，或寻常，或精致，或霸气的陌生的门，感觉很复杂，你的手一直抬不起来，不知道敲过门之后会发生什么。你可能会遇到以下几个结

果：其一，被拒之门外，根本没有踏入里面的可能；其二，进去之后，先是被排斥，继而被一股强大而冷漠的力量推出来，一无所获；其三，被微笑着请进去后，觉得门里的世界并没有门外的世界精彩，便自觉地走出了门外。

你从踏入这扇门开始，你便处于人生最佳的状态。这时你已经站在成功的位置上，找到了生命的全部：爱情、事业等。可是，你始终拿不出敲门的勇气，你害怕被拒绝，害怕进门后一无所获，害怕陷入新的危机和困境。终于，你放弃了敲门的欲望，甘愿让生命的锐气在时光的河流中被洗刷、被磨损。

生活在非洲中部干旱的草原上，有一种体形肥胖臃肿的巨蜂。巨蜂的翅膀非常小，脖子也很粗短。但是这种蜂在非洲大草原上能够连续飞行250公里，飞行高度也是一般的蜂所不能及的。而其他的蜂类就不同，一旦遇到恶劣的天气，成千上万的蜂往往就束手无策，在顷刻之间就无影无踪了。这种强健的蜂被科学家们称为非洲蜂。

但是，这种蜂体形肥胖臃肿并且翅膀短小，在能够飞行的物种当中，它是飞行条件最差的。如果按照飞行条件，它还不如鸡鸭鹅优越。尤其在蜂的大家族里，它更是身体条件最差的。它的飞行是不可思议的事情了。根据流体力学，它的身体和翅膀的比例是根本不能够起飞的！

可是，事实却是恰恰相反，它们不仅仅不用借力，完全依靠自己的力量飞行，而且是飞行队伍里最为强健，最有耐力，飞行距离最长的物种之一。它们天资低劣，但是它们必须生存，而且只有学会长途飞行的本领，才能够在气候恶劣的非洲大草原上活下来。

在这世界上没有什么事是不可能的，为了生存巨蜂们勇于改变自己，就算是先天不足，也在努力地向着好的方向发展着，这是一种基于现实的超越，体现了一颗强者的心。巨蜂超越了平庸，让它们拥有了生存繁衍下去的可能。

一位政治家曾说过："要想征服世界，首先要征服自己的悲哀。"岁月是无情的，生活是残忍的，可是我们必须接受，必须勇敢地面对。多年后，无论我们的生活有多么惨淡无味，只要我们敢于面对，便是真正的英雄，铁打的勇士。不要幻想人生一帆风顺，要培养自己敏锐地洞察人世、社会百态的能力。切不可轻易妥协、苟且偷生，而应该用勇气和智慧与社会搏斗，在艰难困苦的磨砺中成长。

28岁的吴伯超一心想去社会上寻求更大的挑战和发展。他决定去香港开一家台湾奶茶店，但他的决定很快遭到了亲戚朋友们的一致反对，都认为他是在冒险。然而，他筹集了180万台币来到香港。他找到香港合伙人，在一条繁华的大街上开了一家名为"仙迹岩"的奶茶店，专门卖台湾奶茶。第一个月盘点之后，吴伯超傻眼了，营业额仅仅8万港币，而店铺的租金就8.5万港币。连续几个月的营业额都没有高过租金，这让合伙人泄气了，劝吴伯超关门大吉，他就被迫退出"仙迹岩"。

不死心的吴伯超独自来到上海，先在一条不太繁华的街上开了一家台湾奶茶店，取名为"仙踪林"。两个月后，"仙踪林"开始实现了盈利，又接连开了几家连锁店。他想在上海最繁华的淮海路上开一家店，可这却遭到了公司员工们的一致反对，因为在淮海路租一个店铺每年要交纳租金200多万元，而卖奶茶要多久才能挣回这些钱呢？可吴伯超不这么看，他认为淮海路是上海最繁华的路段，在这里开店本身就能提高"仙踪林"的知名度，比在电视上做200万元钱的广告效果要好。

在吴伯超的坚持下，很快，上海的淮海路有了第一家"仙踪林"奶茶店。为了同其他的奶茶店有所区别，吴伯超决定在淮海路的店里座位设计成"秋千"式。许多上海市民都知道淮海路有一家能荡秋千喝奶茶的奶茶店。现在，不仅仅在上海，在中国许多城市都有了能荡秋千喝奶茶的奶茶店——"仙踪林"。吴伯超深有感触地说："我没有高学历，没有家族支持，家里祖祖辈辈连个做生意的都没有，也没有遇到什么贵人。我靠什么？靠的就是无畏社会的勇敢和一直向前的勇气。"

所以，不要因为你正经历黑暗、挫折，就对未来失去信心。只要你勇敢地迈出一步，奇迹就会发生。只要你在努力，生活就会越来越好。如果你只看到没有得到和失去的，那你将错过当下正在到来的。当你哀叹暗夜漫漫焦急不安于光明迟迟不来时，你无法看到那暗夜中璀璨的星光和浩瀚的星河。而那恰恰是黑暗中，上天给你的第一个奇迹，让你明白，越是黑暗无光的暗夜，越是星光满天。你要相信，每一个暗夜，都是一个奇迹的发生，都是为了迎接一个更好的白天。

9. 只要你登到山顶，就成为无比强大的自己

人生不过就是短短的一程路，只有翻过山后才能感受到山的雄伟和自己的渺小。可再高的山，只要你登到山顶，就成为无比强大的自己。"山高人为峰"，只有拥有信心、梦想，你就有了超越自我的可能。

对于成功的秘诀，从古至今，谈论得实在是太多了。其实，成功并没有什么秘诀，它全凭一个词——意志力。只要给予意志力以支配生命的自由，那么我们就能勇往直前，去攀越生命的巅峰。

普通人与成功者的不同之处，不在于缺少力量，也不在于缺少知识，而是缺少意志力。事实上，在每一种追求中，作为成功的保证，与其说是才能，不如说是不屈不挠的意志。因此，意志力可以定义为一个人性格特征中的核心力量。一个人如果下决心要成为什么样的人，或者下决心要做成什么样的事。那么，意志或者说动机的驱动力会使你心想事成，如愿以偿。

磨砺意志是通向成功的唯一途径，没有哪座山的顶峰是可以随

便就攀上的。人生难免有挫折，要想克服困难，战胜挫折，就必须具备一种重要的心理品质——坚强。自我控制是为了在自己作出决定之后的奋不顾身，因为我们只有顽强的意志才能战胜自己的弱点，才能锻造勇气和梦想。

在美国新罕布什尔州的桑顿乔森林地区，一块贫瘠的土地上，奥里森·马登3岁丧母，7岁时父亲也去世了。为了生存，马登开始了比常人更为艰苦的拼搏。他寄人篱下，给人打工。他总也吃不饱饭，还要每天工作14小时以上。他没有同龄的朋友，却还要受到主人孩子的嘲弄和虐待。他没有长辈的关爱，时常要忍受主人的责骂和皮鞭。他先后换过五个主人，但他糟糕的环境丝毫没有好转。在他14岁的时候，马登决定要有所改变。

他先是断断续续地上点儿学，并努力工作养活自己。23岁时，他走进了大学校门。9年后，他拿到了波士顿大学学士、奥拉托利会学士、波士顿大学硕士、哈佛医学院博士以及波士顿大学法学院学士。同时攻读多个科目并未影响他的收入。毕业前夕，他积攒了将近2万美元。在马登40岁前后，他成了一位旅店业大亨。他的事业蒸蒸日上，似乎没有任何变故能阻挡"幸运的马登"走向成功。然而，不幸接踵而至。连年干旱，导致当地经济萧条，而他最重要的一些旅店被大火夷为平地。可马登没有屈服，他背着沉重的债务，带着一颗具有梦想的心，来到波士顿。1894年，马登被公认为美国成功学的奠基人和最伟大的成功励志导师，成为成功学之父。

马登说："体力和精力是我们一生成功的资本，我们应该阻止这一成功资本的无效消耗，要汇集全部的精神，对体力和精力作经济、有效的利用。"他的成功在于在逆境中依然能有对未来的向往，通过意志力，来克服失败后的创伤。没有什么是可以马上成功的，必须要经历生活的阵痛，才能更加体会人生的意义，从而为自己的下一个目标而奋勇直前。

人生就像一座又一座的高山，而我们不断去翻山越岭完成自己的人生旅程。当你还在山脚时，也许会仰望山的巍峨和险峻，如果此时你就退缩的话，那么此生你都将在山脚徘徊。其实，我们都有过登山的经历，当你有勇气去征服一座山时，最困难的就是坚持。行进至一半时，你不甘心放弃，唯有坚持才能带你攀到山的顶峰。

有这样一个故事，从前一个饥饿的农夫向上帝祈求粮食，上帝答应了他。农夫喜出望外，准备了很大一个仓库，等待上帝的恩赐。可上帝并没有直接赐予他粮食，而是给他一定数量的种子。农夫很不乐意，认为上帝欺骗了他。上帝说，人人都想不劳而获，人人都想成功，可天下哪有免费的午餐？虽然我赐给你的只是一些种子，但如果你把它种在土里，并给它浇水、除草、施肥，到了秋天不就能收获满仓的粮食吗？农夫听后恍然大悟，后来，凭借上帝赐予的种子和辛勤的耕耘，他终于过上了幸福美满的生活。

是的，天下没有免费的午餐，也没有随便就攀上的顶峰，不经过身体和意志的折磨，就无法领略高处的风景。人生不过就是短短的一程路，只有翻过山后才能感受到山的雄伟和自己的渺小。可再高的山，只要你登到山顶，就成为无比强大的自己。"山高人为峰"，

永不放弃，做自己的英雄

只有拥有信心、梦想，你就有了超越自我的可能。

乔伊大学毕业后，开始四处寻找工作，他去了好几家公司都没有应聘成功。他心灰意冷地回到家里，向父亲抱怨道："当初你非要让我上大学，非要让我学金融管理，现在怎么样，还不是照样找不到工作？"父亲安慰他说："孩子，你别着急，只要耐心地寻找，肯定能找到自己满意的工作。"话虽这么说，但乔伊的父亲还是决定亲自出马，去找他的老朋友保罗帮忙。

保罗是一家集团公司的总裁，乔伊的父亲和他有着深厚的交情，只要他开口，保罗是很难拒绝的。乔伊的父亲信心十足，他向保罗说明了来意，并希望能给他儿子安排一个重要的职位。保罗听后微笑着说："亲爱的朋友，以你我的交情，不要说部门经理，就是总经理，副总裁我都能给，但我不能那么做，因为他是你的儿子，我只能给他一个普通的职位，一切得靠他自己努力。"

乔伊的父亲非常失望，他有些生气地说："这是为什么呀，难道你不相信我儿子的能力吗？"保罗似乎毫不介意，他说："其实，我能给你儿子的只是一片土地。你想，如果我给你儿子果实，他只会坐享其成，不思进取，这样不仅没有帮到他，反而害了他。但如果我给他提供一片土地，那情况则完全不同，他会用自己的智慧和汗水去浇灌它，让它生根发芽，开花结果，难道这不是你所期望的吗？"

所以，通往山顶的路曲折不平，它就像人生的一个个小坎坷，没有谁能随随便便就攀上顶峰。这需要有希望和勇气，同时加上你的意志力。在山顶你可以看到不同的风景，在你会当凌绝顶，一览众山小时，这滋味让你回味无穷。而你走过的那些山路，是脚下的积累，当你回头望时，你发现自己已经走过漫长的路程。此生你总要有一次处于山顶之上，因为当你俯视远眺时，视野才会变得开阔。你的人生追求也会向着下一座高山而变得更高、更远、更宏大。

10. 成功需要等待，你必须得付出点耐心

生命的过程就是一个等待的过程，要到达彼岸，要到达山巅，要到达天边，都应有一份耐心和淡然。善于生活和热爱生活的人，总会在等待中默默迎接和收获美丽。

人生就是一个等待的过程，虽然等待中有幸福，也有悲伤；有甜蜜，也有苦涩；有快乐，也有寂寞。但等待的过程也是一种美，我们要学会去欣赏等待，并努力挖掘它的美好。很多人无心错过了这美好的瞬间，那才是真正的遗憾。

我们在漫长的等待中，迎来了春日，看到了姹紫嫣红的世界。在漫长的等待和耕耘中，默默享受累累硕果的甜美。我们在漫长的等待中，听到了新生命的啼哭。其实，生命的过程就是一个等待的过程，要到达彼岸，要到达山巅，要到达天边，都应有一份耐心和淡然。善于生活和热爱生活的人，总会在等待中默默迎接和收获美丽。

1867 年，旅行家安东尼奥·雷蒙达在南美徒步探险登上海拔

4000 多米的安第斯高原时，被荒凉的草地上一种巨大的草本植物所吸引。这株植物正在开着花儿，巨大的花穗高达 10 米，像一座座塔般矗立着，极为壮观。每个花穗之上约有上万朵花，空气中也流动着浓郁的花香。雷蒙达走遍世界各地，从未见过这样的奇花异草，他满怀惊叹地绕着这些花细细地观赏。他发现，有的花正在凋谢，而花谢之后，植物便枯萎而死！花落即亡，这到底是什么植物？

这种植物叫普雅花，它的花期只有两个月。花开之时是那样美丽到极致，枯萎之时又是那样的凄美到颤然。然而，这种花为了两个月的花期，它总是静静伫立在高原上，用叶子采集太阳给予的芬芳，用根汲取大地给予的养料，忘我地营造着自己的花香，并默默地等待了 100 年！百年的等待只是为了用百年一次的花开来获得攀登者身心俱疲时的眼前一亮，只是为了证明在等待中的生命是那样的美丽。

普雅花要 100 年才可以开花，花开放时花香四溢，那壮观的景象让人见过后，都会感叹自然界的奇妙。当千万朵花一齐绽放时，如同千万只蝴蝶一同扇动翅膀那般的美丽。自然界没有哪一种植物可以像它一样在高原上忍受百年的寂寞，只为短短的 60 天的美丽，这相当于人一生的孤独，它熬过去了，然后美丽绽放。

我们在追求梦想的道路上不也如此，无论什么样的努力，只要心中有梦，有这样一朵花，有这样我必绽放的信念，定会让人们仰视，为你折服，这是一种对美丽的坚持！假如，每个人都从 100 岁往回活的话，世界上有一半以上的人都会是天才，不要给自己机会去后悔,为了实现自己的梦想,作再多的准备也不过分。也许走过了所有通向失败的路后,最后剩下的那一条路,就是成功之路,在人生路上等待成功,也不乏是波澜壮阔的一种美。

比尔·拉福是美国当代著名的企业家,他的父亲是知名公司高管。他中学毕业后,就立志做一名优秀的商人。他受父亲的熏陶,拥有商业天赋,特别是对商海中的事务了如指掌,深谙其中奥妙。在他考入著名的麻省理工学院之前,他的父亲就为他制定了一份职业生涯的蓝图。进入麻省理工的比尔没有直接就读贸易专业,而是选择了工科中的基础专业——机械。

商贸必须具备一定的专业知识,他为自己的前景规划,从基础的学起。毕业后,他没有马上投身商海,而是又考入了芝加哥大学,攻读经济学硕士学位。经过3年的学习,他在知识上已经完全具备成为一名商人的素质。出人意料,他获得硕士学位后,仍然没有从事任何商业活动,而是去政府部门供职。他深知经商必须具备很强的社交能力,人际关系在商业活动中异常重要。

在政府部门工作5年后,他辞职下海,去了父亲为他引荐的通用公司熟悉商务。又经过两年,他已熟练掌握了商情与商务技巧,业绩斐然。这时,他毅然婉言谢绝了通用公司的高薪挽留,自立门户,开办了拉福商贸公司,开始了自己梦寐以求的商人生涯。此时的他已经学会了商人应该学会的一切,已经完全具备了一名优秀的商人所应该具备的各种素质,所以他的生意进展得异常顺利,拉福公司的成长速度出奇地快。20年后,拉福公司的资产从最初的20

万美元发展到 2 亿美元。而比尔·拉福本人也成为美国商界的一个传奇。

　　成功需要等待，这种等待会让人充满期待的焦虑。很像摸彩票，正好一下子摸出你所期望的，但这一切总是不可能的。好运的出现是没有规律的，若你能蓄足能量、准备充分，那么，机会一出现你就能逮个正着。如果心浮气躁、好高骛远的话，那即使有良好的成功素质，也难以完善自己，更难成就事业。

　　比尔事先做了人生规划，所以他每走一步都是精心策划过的。他的等待也是在充满自信中完成，成功需要执着地等待，这是基于对成功的信任，相信自己的选择，相信自己的能力，也相信自己一定能获得成功。俗话说得好："不打无准备之仗，方能立于不败之地。"要想取得成功，就必须做好充分的准备。如果准备不充分，做起事情来十有八九是要失败的。也正是有了这种执着的信念，支撑着比尔熬过了一次又一次的等待，最后终于达成心愿。

　　你若想在商海里做一名弄潮儿，并傲视群雄的话，就必须在其中摸爬滚打，经过摸索和锤炼之后，才能练就一套高超的交际能力和超前的预见性。有的公司职员在刚开始工作的头两年里，认真、踏实，也干出了一番成绩，但公司还不提升他，就认为"此地不识才"。要么就是觉得上级有偏见，愤然离去。殊不知，这是多么可惜，其实公司要提拔一个人，而且要委以重任的话，不光看你一时的表现如何，更重要的是看重你是否踏实、负责，有无坚强的毅力和锲而不舍的干劲。

所以，等待的过程也是一种美，在等待中能锻炼你的耐心和毅力。在期待成功的过程，也是脚踏实地、勤奋耐劳的过程。若你想从失败中崛起，只有耐心等待，只有埋头苦干，当你蓄足了能量，机会到来的时候，你的成功也就降临了。当你缺乏耐心的时候，成功也就离你而去。也许生活中的等待有一点点波澜不惊，但也是痛苦难熬的。要想成功，你就得等待，而且要学会等待，善于等待。

11. 不要害怕犯错，走弯路是通向成功的另一条路

人生最怕的就是没有方向而迷失自己，每个人的终点有远有近，珍惜每一次的弯路。因为弯路是人生的试金石，它让你在顽石里发出金子般的光辉，它也能让你原本平凡的人生，就此熠熠发光。

在人生的路上，有一条路每个人非走不可，那就是年轻时候的弯路。不摔跤，不碰壁，怎能练就好筋骨，怎能成长呢？在我们漫长的人生路上，不可能是一条平滑的直线，弯路无疑将会是它别无选择的主旋律。

人生一路怎么会有直达胜利的捷径呢？有时我们会在彷徨中犹豫，在正确和错误的选择间游离，在梦想与海市蜃楼中迷失。我们从无知的少年时期迈入朦胧的青年，又从才能与智慧并存的中年时期到耄耋迟暮，在成长的路上跌跌撞撞，也许还会碰得头破血流，在经历了无数生命的体验和阅历的堆积后，我们逐渐蜕变成才。

面对弯路上的艰难险恶，我们不可以逃避，也不可以退缩，逃避与退缩的都是懦夫，这样的人会失去许多学习与磨炼的机会，人

生不能拒绝长大，失败与倒下没什么可怕的。从哪里摔倒就从哪里爬起来，在弯路与错误面前，需要完善后继续前行。任何一个漂亮的结果都是在尝试中产生，任何的成功都是在不断的失败中站立。

孟买的海边有一位渔夫，他每天都在唉声叹气。因为他有三个儿子，可这三个儿子都无法继承他的捕鱼技术。而这位渔夫是当地颇有盛名的捕鱼能手，还被人尊敬地称为"渔王"。于是他常常向身边的人诉说自己的苦恼："我越来越老了，可我真的不能明白，为什么我捕鱼技术那么好，而我的三个儿子却那么差劲，他们没有一个像我。"

是的，这位渔夫从他的儿子们懂事的时候，就开始用心传授捕鱼的技术，为了少让他三个儿子走弯路，他在技术上不仅教他们技巧，还告诉他们经验。他从最基本的如何织网更容易捕到鱼到如何划船不惊动鱼，以及如何下网最容易请鱼入瓮都告诉儿子们。待他的儿子长大后又教他们怎么认识潮汐、辨别鱼汛等，凡是渔夫自己的经验，都会毫无保留地传授给儿子。可让他没有想到的是，三个儿子的捕鱼技术竟然连一般渔民的儿子都不如。

在生活中我们也常常会遇到这样的情况，当你的父母告诉你，那是不可以做的，应该要这样做的时候，你会认真地体会到为什么不能那样做的原因吗？我们只是一味地听从，而没有自己的经验，因为我们没有机会在失败中得到启示，也就无法知道什么是成功。渔夫的错误很明显，他只传授了成功的经验，却没有传授给他儿子错误的教训。其实，一种才能的培养，是需要经验加上教训的。

人的成长就是在不断地犯错与纠错中。可我们何尝不是以"过来人"的身份，患着"拦路癖"。把自己的教训加到别人身上，并善意地去告诫大家"那条路走不得"。我们无非是想让后人少犯错误，少走弯路。但是人性的发展却无视这些，它按照人的成长规律循序渐进，不会因为长者的经历，而废除后来人的成长过程，没有这一过程，就没有真正的成长，这是规律。我们也可以避免不必要的弯路，在每次走了弯路之后，回望整个过程，仔细想一想，为什么会走上弯路，当初为什么要这么走，怎样才可以不走出这样的错误呢？

侯斌 9 岁时，在一场火车事故中不幸失去了左腿。命运没有击倒他，虽然修过手表，学过绘画，做过搬运工。但是他能忍常人所不忍，18 岁时立志要脱离"残疾命运"。他开始跳高，在 1996 年第 10 届残奥会上，他单腿跳过 1.92 米，成为世界纪录的保持者，从此也改写了他一生的命运。

他是一个非常自律的人。在那场比赛前，从中国到亚特兰大要经过 20 小时的舟车劳顿，如果得不到很好的休息，很有可能获得不了好成绩。可偏偏那天在酒店，与他同住的队友睡觉鼾声如雷，令他无法正常休息。头痛欲裂的他，整个人都快散架了。侯斌控制住了自己的情绪，他没有找组委会抱怨，而是自己在卫生间里打了地铺，当精力恢复后，他以良好的状态摘得了金牌。

年轻时候的侯斌，干过很多事，起初想学修表，后来又学画画，发现这两样自己都不擅长也不现实，最后就转做体育，一试发现还不错。人生不就是这样吗？不碰壁怎么知道幸福呢？不经历风雨怎

永不放弃，做自己的英雄

么能见到彩虹？用侯斌自己的话说："顺利的人生只能书写出两页纸，一定是经历过挫折和困难的人生之书才厚。"

行动在前，语言在后。你想好了的事就立即行动，不要害怕走错路，就算走到悬崖边，也可以返回，选择走另一条路，我们总在失败中汲取教训，为下一步的成功搭建桥梁。当面对困难的时候，一定是自己闯过去。人生最怕就是没有方向而迷失自己，每个人的终点有远有近，珍惜每一次的弯路。因为弯路是人生的试金石，它让你在顽石里发出金子般的光辉，它也能让你原本平凡的人生，就此熠熠发光。

所以，人生经常走弯路，走弯路也是从另一条路通向成功。或许你会说："人生不必苛求，这样会活得很累。"可我们的人生路途还很长，前途依然苍茫，生命中的那些闪光之处，还需要我们去探索和发掘。既然来到了这个世界上，就应当走好每一步，过好每一天，对得起今天，也对得起自己。你的生活无法让它重来一次，所以在这条道路上，我们应当勇敢地去尝试，尝试任何自己想要的。这样到了人生终点，我们才不会遗憾于自己走过了一个无趣的人生。是弯路让我们更懂得人生，珍惜吧！每一条的弯路都是为了让你前方的路走得更好。

第四辑　你变优秀了，
好运自然就爱上你了

看到别人轻轻松松地成功，我们自己苦苦追求却屡屡碰壁，很容易误认为是别人「运气好」「有上天眷顾」，而事实上是我们尚未优秀到感动成功。所谓好运只钟情于有准备的优秀者，我们时刻准备着成功，但必须变得足够优秀起来，才能最终赢得好运的青睐，才能最终感动成功。

1. 你足够包容的话，还有什么能挡住你的阳光

对别人多一点包容，其实也就是给自己多点自由的空间。我们每个人都会犯错，如果执着于过去的错误，就会形成思想包袱，不信任、放不开、抵触就会限制你的思维，也限制了你的发展。

生活不是战场，无须一较高下。人与人之间的交往，需要多一份理解，这样就会少一些误会，心与心之间，多一份包容，就会少一些纷争。当你把自己的得失看淡时，你的宽容就能融化他人的冰山，再寒冷的夜，也挡不住你送出的温暖阳光。

有些人往往都把自己看得较重，觉得别人必须要理解自己。我们不要苛求别人，也不要期望别人能完全理解你，因为每个人都有自己的性格和观点，更不要对别人的不理解而心存愤懑和耿耿于怀。当别人不理解你为什么那么严肃，或者是认为你"假装深刻"时，这也是给你一次了解自己的机会。

对别人多一点包容，其实也就是给自己多点自由的空间。我们每个人都会犯错，如果执着于过去的错误，就会形成思想包袱，不

信任、放不开、抵触就会限制你的思维，也限制了你的发展。即使是有人对你进行欺骗，也并非不可容忍。能够承受欺骗的人，才是最坚强的人，这种坚强的心志可让其威严，给人以信心、动力。

1811 年，弗朗茨·李斯特生于匈牙利雷丁，幼年时被称为神童，他 9 岁就举行了第一场钢琴独奏会。是匈牙利作曲家、钢琴家，伟大的浪漫主义大师。李斯特师从维也纳的车尔尼、萨列里，16 岁时定居巴黎。他与柏辽兹、肖邦以及文学界、绘画界名流交往，享有风格趣味华丽非凡的钢琴大师的声名，盛极一时。

有一次，李斯特去德国访问，在一座小城里，他看见一张音乐会的海报。上面写着演出钢琴师是著名钢琴家、作曲家李斯特的学生。这让他大吃一惊，他想知道其中究竟。第二天，李斯特悄悄地来到演出地点，拜访了这位钢琴师。这是个羞涩的姑娘。她没有料到李斯特会在德国出现，并来到她的面前。她自知冒充李斯特大师的学生会受到怎么的惩罚，当时的她吓坏了，脸色苍白。"李斯特先生，请宽恕我，我是名孤儿，冒称您的学生也是迫于生计。"姑娘跪在李斯特面前，请求他的原谅。

"哦！原来是这样。"李斯特把姑娘扶了起来，和蔼地对她说："让我们看看有什么可以补救的办法。你先把演出的曲子弹一遍。"李斯特边听演奏，边向姑娘进行钢琴弹奏方面的指点。待一曲演奏完毕，李斯特爽快地说了一声："好了，晚上你大胆地上台演奏吧，现在你已经是我的学生了。可以向剧场经理宣布，并增加一个你的老师，我的钢琴演奏节目。"音乐会如期举行，临近结束的时候，听众欢呼起来，弹奏最后一支曲子的竟然是李斯特本人。

包容是在心里接纳别人，理解别人的处世方法，尊重别人的处世原则，李斯特了解到冒充他学生的那个姑娘是因为生活有难处，迫不得已而为之，出于同情他包容了这个姑娘的过错。人应该学会包容。多一些包容就少一些心灵的隔膜；多一份包容，就多一分理解，也多一份友爱和信任。

有句话这样说："谨慎使你免于灾害，包容使你免于纠纷。"如果我们在别人遇到困难的时候不伸出援手，那你的生活将毫无意义。如果你对于别人的一时过错，不能和和气气地做个大大方方的人的话，当你遇到问题时，别人也就会以牙还之。如果矛盾激化，后果又将无法收场。故而"得饶人处且饶人。"包容是一种与人为善的观念释然，它能化解人与人之间的恩怨。

爱丽斯非常为难，因为这些天她和一个雇员非常不和睦。她不喜欢这位雇员对待她时那目中无人的嚣张模样，爱丽斯决定解雇这名雇员。但她却想起了一件事，就是在 10 年前，她还在一家全日制的书店工作，那时爱丽斯的丈夫刚完成学业，她希望能休一天假，参加丈夫的毕业典礼。可是爱丽斯休假这天正好是感恩节后的那个星期六，也是书店生意最忙的时候。

当然，她的要求遭到了老板的反对，这让爱丽斯好几天都陷入沮丧中，她开始对工作冷淡，对老板充满敌意。一个星期后，老板找到爱丽斯想和她谈谈。爱丽斯感到很愧疚，她想无论发生什么都要坚强地承受，显然老板不喜欢她，很有可能会把她解雇。然而老

永不放弃，做自己的英雄

板却平静地对爱丽斯说："我不想在你我之间存有任何的怒气和不快，你可以在那天休假。"

那时的爱丽斯不知该说什么。她的愤怒和狭隘，如同孩子气般的行为，在她老板的谦卑面前显得那般幼稚。这件事令她一直无法忘怀，如今她对待自己的雇员也应该体现出宽容与谦卑。爱丽斯拿出雇员信息表向那位目中无人的雇员打去了道歉的电话，他俩的关系马上就和好如初。爱丽斯明白，有时与人友善比坚持"正确"更重要，这种忍让的态度，可以让自私的人洗去狭隘的污点。

以一颗谦卑心，看身边人；以一颗恭敬心，看身边事。退让不是无能，而是大度。包容不是软弱，它以退为进，积极地进行着防御。它的退让是有目的和计划的，主动权在自己的手中，无奈和迫不得已的不能算是包容。这也是需要一定技巧，给别人一次机会并不是纵容，也不是免除对方应该承担的责任。"己所不欲，勿施于人"有前提的包容，如同荆棘丛中长出来的谷粒，只要后退一步，天地自然宽。

所以，用包容的心与人交往，你永远都是一片晴天。用足够的能量去包容和感动别人，那还有什么能挡住你积极的阳光。人人都会有痛苦，都会有伤疤。我们要忘记昨日的是非，忘记别人对自己的指责和谩骂，时间是良好的止痛剂。学会忘却，生活才有阳光，才有欢乐。如果动辄去揭，便又添上新创，令旧痕新伤难愈合。包容别人的龃龉、排挤甚至诬陷。因为你知道，正是你的力量让对手恐慌。包容是一种美，是深邃的天空容忍了雷电风暴一时的肆虐，这才有了风和日丽。

2. 你念念不忘的事情，别人也许早已忘记

人生中有那么多事，每个人自己的事都处理不完，没有多少人还会去关心与自己不太相关的事情，只要你不对别人造成什么伤害，只要不是损害了别人的什么利益，没有什么人会对你的失误或尴尬太在意。

别把自己太当回事，你没那么多观众。也别太把别人当回事，当你把别人当成全世界的时候，你在别人眼里可能只是一粒尘土，而你总是自以为是地认为，每个人都要围着你转，自己就是全世界的时候，其实你顶多算个地球仪。

别那么累，别将每个人当回事，你没有那么博爱，也不是每个人都打心底在乎你。在生活中我们常会碰到这样的事，比如，说了什么不得体的话被人误会；遇到什么尴尬的事丢了脸面；忘记参加一个什么活动而遭人非议，等等。大可不必纠结于此，也不必揪住所有人做解释，因为待事情一旦过去，没有人还有耐心去理会曾经的一句闲话、一个小过失、一次疏忽。你念念不忘的事，也许别人

早已忘记。

反过来问问自己，对于别人的一次失误或是尴尬，真的会总在你的心头挥之不去，并能导致恶劣后果吗？你能时时惦念着某日、某时、某人，因某件事而令其他人不快吗？你对别人的衣食住行真的是那么关心，甚至超过关心自己吗？其实，这些都只是你在自寻烦恼罢了。

闻君是一家公司的管理人员，他有一位漂亮的女同事，口才很好，工作能力也很强，在公司里待人处世都不错，谁遇到困难，她都会热心帮助。但是这位女同事有一点情绪化，总觉得周围的人都针对她。公司如果有新员工与她说话，没有用尊称，她会觉得人家对她不尊敬。她的压力显然很大，有时同事间无意的一句话就会弄哭她，甚至会和对方绝交。

有一段时间闻君找她谈话，因为她业绩不好。这位女同事十分敏感，她说："作为一个老员工，我觉得很丢人，别人肯定瞧不起我。""其实，你没有那么多的观众，没有谁会过分关注你。"闻君开导这位女同事说，"很多事情不需要那么在意，反而是你的敏感，导致了事情的恶化，没有谁会真正在意一个不相干人的事情。"

几天后，这位女同事释然了。她在工作的时候，也不再钻牛角尖了，与其他同事间的矛盾、误会也逐渐平息。

一件事情没做好，不值得难过很久。不要太在乎周围人的看法，即使他们议论你，也不要活得那么要面子，那么累。在乎别人的看法只能让自己更加自卑难过。周围的人都很忙，只要暗下决心把成绩提高就行，不必在意别人的闲言碎语，而加大自己的压力。

反之，将别人的嘲笑看作自己努力的动力，小挫折也许就能成就大人才。还有很多事情只是想象，是你假想出来的敌人，你看到的不一定是真实的，你认为世界是怎样的，那么它就会怎样来对待你。我们周围的人其实是我们的镜子，看到的都是自己，最后才发现人家压根就不在乎，一切只是自己的想象。

布思·塔金顿是美国小说家、剧作家，一生共创作小说五十多部，是美国最受欢迎的小说家之一，他的小说《了不起的安德森家族》和《艾丽丝·亚当斯》曾分获普利策小说奖。塔金顿还是一位卓有成就的儿童文学家，1914 年他出版了脍炙人口的儿童小说《男孩彭罗德的烦恼》，曾轰动一时。

有一次，他参加红十字会举办的艺术家作品展览会，在会上他作为特邀贵宾而受到人们的追捧。其间有两个可爱的小女孩来到他的面前，虔诚地向塔金顿索要签名。塔金顿想表现一下著名作家谦和对待普通读者的风范，他对女孩们说："我没有带自来水笔，用铅笔可以吗？""当然可以！"他知道女孩们不会拒绝。其中一个女孩将她非常精致的笔记本递给了塔金顿。塔金顿潇洒自如地在上面写了几句鼓励的话语，并签上了他的名字。

"你不是罗伯特·查波斯啊？"女孩看到签名后皱着眉头问塔金顿。此时的布思·塔金顿一脸尴尬。这位女孩耸了耸肩，转头向另外一个女孩说道："玛丽，把你的橡皮借我用一下。"就在那一刻，塔金顿的自负和骄傲瞬间化为泡影。

无论你有多么出色，都别太把自己当回事。曾几何时，我们在脑海中以为事情应该是某种样子的，而后来却发现，事实并不像我们所想象的那样子。塔金顿以为自己很有名气，将两位读者当成仰慕他的人，他想表现一下自己时，谁知，在两个女孩眼里，他什么也不是。塔金顿只是任凭主观臆断来不公正地评价周围的环境，结果却与他的想象相距甚远。

我们每个人都应该正确认识自己，认识自己的优势和劣势、所长和所短。别把自己太当回事，懂得低调处世，我们就能获得一片广阔的天地。人生中有那么多事，每个人自己的事都处理不完，没有多少人还会去关心与自己不太相关的事情，只要你不对别人造成什么伤害，只要不是损害了别人的什么利益，没有什么人会对你的失误或尴尬太在意。也许第二天太阳升起的时候，别人什么事都没有了，只有你自己还在耿耿于怀。

所以，你要明白在别人的心中，你没有那么重要。这个世界，比你有才能的人多得是，比你聪明的人多得是，比你漂亮的人多得是。如果因为一点点的成绩就骄傲起来，就失去了进步的脚步，甚至会倒退。人往往是容易骄傲的，千万不要做一个自己没有实力却怪别人没眼光的人。如果你现在正在什么地方受了冷落，不要怨气冲冲，你应该记住，你是个普通人，没有人会太在意你。

3. 勇敢担当吧，负重能帮助你前行

人的生命只有一次，它是那么的宝贵，负重就是一个积极的人生态度。用积极的态度来生活，再多的苦难也无法将你击倒。

我们总是会回忆童年的那些无忧无虑的日子，因为随着年龄的增长，我们会逐渐感受到背上的责任与负担越来越重。于是我们会喊：活着太累。总想要甩掉包袱，轻松自在地生活。可是你曾想过吗？这包袱里有父母对你殷切的期望，有亲人间的亲情和责任，有朋友间的友情和承诺，也有孩子对你的无限依赖。

在我们每个人的身上，都有对家庭的责任，对社会的使命，如同无形的压力，时时刻刻地提醒着你，明天要有什么样的担当，对于拥有胸怀大志的人，他们不敢有一丝的松懈，也不敢抱一丝侥幸，妥帖安排每件事，一步一个脚印，踏踏实实地一路向前。我们像极了一只行进中的蜗牛，如同背负着重壳在艰难前行。可是，不要忘记，蝴蝶也正在壳里酝酿着它的梦想，随时准备如浴火重生的凤凰，展翅飞翔。

永不放弃，做自己的英雄

其实，我们都不是很坚强。有时候，也会像个孩子那样容易受伤，容易迷茫。每个人踩过的脚印有的浅，有的深；每个人的生活有幸福或是悲伤；每个人的肩上都有不同程度的负重。我们在一点点地长大，一点点地成熟。也从岁月那拖着长长的影子里明白，生活就是背在身上的那点负重，虽然有轻、有重，但它着实让我们理解生活的艰辛，也着实让我们逐渐成熟。

有一艘货轮，卸完货后准备返航，未料行至半途突然遭遇巨大的风暴。在浩渺的大海上，货轮受到了暴风疾雨的侵袭，在一浪高过一浪的波涛中，这艘货轮与大海进行着殊死搏斗。由于船型较大，受风暴袭击后，摇晃激烈，随时都可能倾覆。就在这万分危急的时刻，船长果断地下了命令："打开所有的货仓，立刻往里面灌水！"几个没有经验的新水手，听到这个命令后惊呆了：外面风大浪高，再往船里灌水岂不是自寻死路吗？这些水手犹豫着，下不了灌水的决定。

船长向他们解释说："大家见过根深干粗的大树被风暴刮倒过吗？被刮倒的都是一些没有根基的小树！一只在水面上漂浮的空木桶是很容易被风浪打翻的，但如果空木桶是装水负重了，再大的风浪也是打不倒的。同样的道理，船在负重时是最安全的，空船才是最危险的。"原来是这样！听了船长的一番话后，水手们立即行动，往船的货仓里打开灌水阀进行仓体注水。果然，随着货仓里的水位越来越高，货轮也逐渐平稳了。

原来，船在负重时是安全的。我们何尝不需要负重，因负重使得物体有了稳健的躯体，因负重使人有了生命的厚度，因负重使国家有了国力的强盛。一艘船遇到风浪必须自加重负，以深沉的身躯来抵抗翻腾的浪涛。当我们在遇到风浪时，也需要抓牢根基，负重而行。

对于我们，人的生命只有一次，它是那么的宝贵，负重就是一个积极的人生态度。用积极的态度来生活，再多的苦难也无法将你击倒。我们透视生命万象，综观世事变迁，太多的未知出现在我们的生活中，如何体现生命价值和正确对待生命，这需要我们在负重的人生中拼搏，就像打滑在雪地里的车轮，需要加上铁链才能把握住行驶的方向，人也是需要在适当的负重下才能把握住自己。

或许，万事万物总要背负各种各样的担子，但也正是这些担子让我们在前进的道路上留下一串串深深的脚印。蜗牛背着房子上路，处处都有温暖的家，我们看成担子的壳，它随时携带；乌龟背着盔甲上路，处处都有坚强的保护，因为它把别人看成负担的壳随时背着，不断负重，才会走出坚强的道路。

俞敏洪是新东方教育集团创始人，英语教学与管理专家。1980年他考入北京大学西语系，本科毕业后留校任教。在学校的教学生涯让他有了想要出去看看外面世界的想法，10年后他从北大辞职，创办了北京新东方学校，他在34个城市建立了英语学校和其他学习中心。他之所以创办新东方，是由于他没能获得美国大学的奖学金。俞敏洪意识到，他要花5年多才能筹到去美国的学费。为了筹到足够的钱让自己去美国留学，俞敏洪干起了业余语言家教，同时还在北京大学教授英语。

创立新东方学校最终使俞敏洪得以盛行美国，他目的地是纽约证交所，而不是一所大学，2006 年，新东方在纽约证交所正式挂牌上市，经过配售后，俞敏洪现持有新东方 25% 的股权，同时通过其他员工和同事持有的股份保留着投票控制权。2009 年他获得 CCTV 年度经济人物，2012 年获得中国最具影响力的 50 位商界领袖。2014 年 11 月 26 日，他携手华泰联合证券前董事长盛希泰共同创立洪泰基金。

轻盈的生命练不出青春的脚力，只有背上行囊，才能踏牢坚实的大地。俞敏洪能站得高，走得远，这都得益于他对生活的选择，放弃安逸，选择负重前行。我们也应该为自己增加负重。可是在物质如此丰富的生活中，有些同龄人的生活却因丰富多彩而导致灵魂的空虚。我们应该勇敢地面对生活中的压力，站出来承担自己的责任，挑战生命中的难关，而不是麻醉自己，将自己浸泡在虚拟的梦幻之中，逃避现实。

负重，不仅对自己人生的意义非凡。也会使自己身上散发的光辉普及他人，给别人带来幸福。我们又何尝不应该学会负重呢？生命有多重？这从来没有标准答案。然而有一点是可以肯定的，生命不能没有负重。重负磨砺了我们的意志，培养了我们的能力，使我们变得无比强大，当人生的飓风来临时，我们能昂首挺胸，丝毫不畏惧，因为我们早已练就了一身坚不可摧的本领，大风大浪，不过是小菜一碟。相反，那些胸无大志，腹中空空，只知贪图享乐，不思进取的人，他们一身轻浮，一阵风就能将他们吹倒。

　　所以，负重能够帮助我们前行，使我们顺利地到达成功的彼岸。胸怀大志的人，由于家庭责任感和社会责任感时刻压在他们的心头，使他们不敢有丝毫的松懈，不敢抱丝毫侥幸心理，只能脚踏实地，一路向前。就像一叶轻舟，如果没有固定的缆绳，它就会随风飘荡；一棵大树，如果没有下面盘根错节的根系，它就无法抵挡雨水的冲刷。由此可见，一个人要想走得稳，走得远，最好的办法就是肩负一定的重物。

永不放弃，做自己的英雄

4. 付出就是最大回报，你尽管付出就行了

如果你不肯付出一时的努力去博取成功，那么你就要用一生的耐心去忍受失败。请相信，付出必会有收获，播种必会有果实，只是这收获的好与坏，多与少，果实的大与小是另一码事。

在生活中你想获得什么，你就得先付出什么。你想获得时间，你就得先付出时间；你想获得金钱，你得先付出金钱；你想得到爱好，你得先牺牲爱好；你想和家人有更多的时间在一起，你先得和家人少在一起。

在生活中，你一定要懂得付出，你不要那么急功近利，马上想得到回报，天下没有白吃的午餐，你轻轻松松是不可能成功的。那为什么你要懂得付出呢？因为你是为了追求你的梦想而付出的，人就是为了希望和梦想活着的，如果一个人没有梦想，没有追求的话，那一辈子也就没有什么意义了！付出是最大的回报，它就像一粒种子，你种下去，然后浇水施肥、锄草杀虫，等你要收获的时候，将得到加倍的回报。

虽然付出有时不一定能得到回报，但不付出就一定没有回报。这就像家长，不好好教育自己的孩子，又怎样会有一个体贴的孩子？一位农民，不精心培养自己的水稻，又怎会有值钱的大米？一位作家，不用心去写自己的稿子，又怎会有销量好的书？其实，收获是需要无限的付出。收获的好坏还是在于自己，不要去找客观原因，不要去推卸职责，勇敢地应对现实，人偶尔也是会出错的，不用畏惧，以后再发愤，只有付出才能收获，没有不劳而获的美差事。

　　沙漠中有一位途遇沙尘暴的路人，他迷失了方向，行走了两天后，在快撑不住时突然看见了一幢废弃的小屋。于是他拖着疲惫不堪的身子，向小屋走去。当他走进屋里后发现，这是一间密不透风的小屋，里面仅是堆放了一些枯朽的木材，这让他原本燃起求生的希望，被瞬间扑灭，他蹒跚着走到屋角，无望地想象着自己将会渴死在荒漠中的情景。

　　可正当他绝望时，却意外地找到一个抽水机。于是他迫不及待地上前去汲水，却任凭他怎么抽水，干燥的抽水机就是一点水也无法抽上来，这个人又开始绝望了。他躺倒在抽水机旁，哀伤地哭了起来。忽然他又发现在抽水机下面，有一个用软木塞堵住瓶口的小瓶子，瓶上贴了一张泛黄的纸条，纸条上写着："你必须用水灌入抽水机才能引水！不要忘了，在你离开前，请再将水装满！"

　　他拔开瓶塞，瓶子果然装满了水！他决定把瓶子里唯一的水，全部灌入看起来破旧不堪的抽水机里，他以颤抖的手汲水，真的水

永不放弃，做自己的英雄

大量涌了出来！最后，他将水喝足后，把瓶子装满水，用软木塞封好，然后在原来那张纸条后面，再加上他自己的话："相信我，真的有用。在取得之前，要先学会付出。"

在生活中你要知道，怎样对待生活，生活也会怎样对待你，你怎样对待别人，别人也会怎样对待你。当时这个人很渴，他完全可以把那瓶水直接喝掉，但他没有自私地这样做。他当时的内心想法应该是非常复杂的，如果照纸条做，把瓶子里唯一的水，倒入抽水机内，万一水一去不回，他就会渴死在这地方了，可他相信在他之前留下那瓶水的人，也是冒着这样的险，才留下水来救下一个人，这就是一种无私的付出。

有时当你付出努力，却没有得到应有的回报，你很多的汗水就这样付诸东流了，你内心不甘，你失望，你会觉得自己是那么的不幸福，比如说当你看到那么多的人洋溢在脸上幸福的微笑时，你会觉得自己是多么的不幸福。可你曾想过，我们在索取回报之前，是需要你先用付出作为条件，来换取的。

在美国费城的一家百货公司门口，有一位老妇人正在躲雨。当时雨下得不是很大，大多数的柜台人员都没有理会这位老妇人。只有一位热心的年轻人走过来问她，是否能为她做些什么。当老妇人回答说只是在避雨时，这位年轻人没有向她推销任何东西，虽然如此，这位销售人员也没有立即离去，而是转身拿给老妇人一把椅子。

当雨停之后，这位老妇人向这位年轻人说了声谢谢，并向他要了一张名片。几个月之后，这家店主就收到了一封信，信中要求派这位年轻人前往苏格兰收取装潢一整座城堡的订单！这封信就是这位老妇人写的，而她正是美国钢铁大王卡内基的母亲。当这位年轻人收拾行李准备去苏格兰时，他已升格为这家百货公司的合伙人了。为什么这个年轻人比别人获得了更多的发展机会？主要原因就在于他比别人付出了更多的关心和礼貌。

唯有付出才能得到。要得到多少，就必须先付出多少。付出时越是慷慨，得到的回报就越丰厚；付出时越吝啬、越小气，得到的就越是微薄。付出是没有存折的储蓄。日本松下电器创始人松下幸之助在他的《创业人生观》中这样写道："这世界只要留心去看，应该还有许多要做的事。为了找不到工作而怨叹的人，我认为是没有真正付出努力去寻找的缘故。"

在生活中，我们会遇到这样一种非常典型的心态，当你在某件事上成功后，他想的是："你行！我可不行。"接着他会问成功者："你的生意挣不挣钱。"当你说："挣钱。"他又马上会问："容易不容易。"你回答："容易。"这时他又会说："快不快。"当得到肯定的回答后，他会说："好，我做！"在这个世界上有没有一种：又挣钱，又容易，又快的生意？即使有也不是所有人都轮得到。

所以，如果你不肯付出一时的努力去博取成功，那么你可能就要用一生的耐心去忍受失败。请相信，付出必会有收获，播种必会有果实，只是这收获的好与坏，多与少，果实的大与小是另一码事。继而想想，也觉得没什么。收获的好坏，果实的大小这一种权利还

永不放弃，做自己的英雄

是属于自己。只要自我发愤过，又何必在乎结果呢！只要自我拥有过，何必在意好坏呢！只要自我尽力地付出过，又何必看重收获的多与少呢！

5. 宽恕了不完美，你的人生就会变得更美

人生总有得失，当我们失去的时候，就让它失去吧，不要太过在意。我们应该珍惜已经拥有的，不然拥有的也会随着我们的疏忽而失去。每个人的一生难免有缺憾和不如意。这是我们无力改变的事实，而我们可以改变的是看待这些事情的态度。

长长的人生路上，生而为人，一旦有了明确的目标，就不要在意这样那样的牵绊，要紧的是不懈不怠地去探寻、去追求。不要为了打碎的花瓶而哭泣，不要将时间花在无谓的地方。否则，你也将错过下一次机会。

泰戈尔曾经说过："如果你因为错过太阳而哭泣，那么你也将错过星星。"我们的梦想就像一个又一个的小小包裹，里面装满了希望。我们背着这些沉重的包裹，踏上人生的旅途。这些包裹的内容，决定了我们的旅程是长，或是短。

我们用尽自己的一生，仅为了来实现这些包裹里的梦想，我们蹒跚而行，一路上，包裹会增加或是遗失，可怎样捡拾起来呢？这

时候的我们，像极了命运的搬运工。仿佛整个人生的意义，就是将装了大大小小梦想的包裹搬向自己的终点。而在这个过程中，总有些人陪伴，也有一些人离开。

如果你无法忘掉昨天，就不会有一个更好的明天。快乐会有悲伤做伴，那么雨过后应该就是晴天，假如雨后还是雨，那忧伤之后还是忧伤。我们应该从容面对之后的失去，微笑地去寻找一个不可能出现的苦与甜。一段伤痛，不在于怎么忘记，而在于是否有勇气重新开始。

有些说起来容易的事情，做起来却十分困难。曾经有一位长者，他手里拿着一只瓷瓶走在街上，街道上的商品琳琅满目，让他忘了手中的瓷瓶，因而分了心，不小心在街道中将手中的瓷瓶打破了。打破瓶子的这位长者，却头也不回地继续往前走，路人觉得奇怪就追上前去问这位长者："你没有看见自己的瓷瓶摔破了吗？怎么你都不停下来看一看？"长者回答道："我知道呀，可是它已经破了，就算我停下来也不会有什么改变，那我为什么还要停下来？"

是呀，瓷瓶已经打破在地上了，它碎成一片片，已经无法再当容器使用了。对于没有用的东西，长者觉得没有必要再花时间为其而停留。可当我们真的面对已经破了的瓷瓶时，往往会停下来去惋惜那些碎掉的瓷片，可能还会痛哭流涕一番，更有甚者会陷入自责，久久无法平复自己。

无论做什么样的事情，可以不做没有把握的事，但要做就做到尽心尽力。长者没有照看好自己的瓷瓶，是由几方因素而导致了瓶子的碎裂。他没有停下来自责也没有对此事夸大而宣，他也许心里有一点惋惜，但他没有停下自己向前的步伐。更没有一遍一遍地问天问地，那样只能加重他失去瓷瓶的痛苦，他现在需要考虑的是，让自己可以做的事情去弥补这个遗憾。故而在他继续前行中，长者是在对刚才摔碎瓷瓶的事做着总结，然后下次带瓷瓶时，在同样的地方，不至于再次犯错。

我们在生活中何尝不是这样，不要让自己的心太累，也不要追想太多已经不属于自己的事与物。我们所走过的每一个地方，每一个人，也许都将成为我们人生路上的驿站与过客。别沉浸于追忆和回顾中，应该学会忘记，因为在将来的你，一定会发现，那些深刻于心里的东西，早已在他们的时间里化成遗忘。

这几天，一直在下雨。从天空中倾泻下来的雨，就像落在小安的心里那般，滂沱而又伤悲。独自坐在小屋里的她，安静地看着雨落到屋檐，又从屋檐淌下来。小安如此闷闷不乐是因为她高考落榜了。"原本可以考得更高一点。"小安在自己心中不断自责。当她一个人静静地躺在床上，回想接到成绩单的那一刻，泪水不由自主地往外涌。此时正值夏季，可小安的房间却很冷，房内的空气窒息得能听见她的心跳。她在为自己忧伤，可她只能无奈地愤恨老天对她不公平。

那是在高考的前几个月，由于小安用眼过度而使她的双眼暂时性失明。一夜之间丧失了辨别事情的能力，小安感到无助与绝望。甚至有了轻生的念头，她多么渴望自己的眼睛能奇迹般地恢复。然后回到教室，与同学们一起备战高考。在失明的这段时间里小安变得异常焦虑和暴躁，只要一不顺心就会大吼大叫。这是因为她害怕极了，害怕自己从失明成为残疾。经过两个月的住院治疗，小安的病情得到了好转。她虽然如期地参加了高考，但由于耽误了太多的课程而使得考试成绩不理想，没能考上心仪的学校。

小安在懊恼中度过了一个暑假后，心态慢慢有所转变。她逐渐找回了迷失的自己。同时也明白："生活不会欺骗每一个奋斗不息的人。"她带着失败后的惆怅，也带着失败后的奋起，在新的学校找到了新的人生起点。她彻底地从自己的阴霾中走了出来。事已如此，再多的悲伤也于事无补，那何不放下来，进入一段新的开始。

人生总有得失，当我们失去的时候，就让它失去吧，不要太过在意。我们应该珍惜已经拥有的，不然拥有的也会随着我们的疏忽而失去。每个人的一生难免有缺憾和不如意。这是我们无力改变的事实，而我们可以改变的是看待这些事情的态度。"仰天大笑，出门登程去，满腹诗书经纶，我等岂能埋没民间，岂能甘做庸人。"用平和的态度来对待生活中的缺憾和苦难，不抱怨、不消极、不自暴自弃。

所以，不要为打碎的花瓶而哭泣，不要沉迷你错过的东西，而要珍惜现在把握眼前。花瓶不是它应该被打碎，而是它不值得你花精力、时间去纠结。我们要能够正确地面对人生的遗憾，要在最短的时间内接受下来，不要在遗憾里纠缠。不要因为过去的挫败或是伤害而一直沉浸在那阴影之下，这样你会失去得更多，不仅是你的过去，甚至你的未来也许同样会错过、会失去、会受伤害。请谨记过去，珍惜未来！

永不放弃，做自己的英雄

6. 你懂得为别人着想时，好运就爱上你了

为别人着想给对方带来的是方便、利益和愉悦，别人自然会把你当作自己人来看待，无形之中就会信任你，好运也就会爱上你了。

如果只从自己的角度来考虑问题，世界上那些不如意的事情都可能成为随时引发矛盾的导火线。为什么老板要求这么严格？为什么会被别人拒绝好心？如果你接下来的推理不再以自己为中心，把对方当作主语继续说下去，你会发现原来别人有难言之隐，有良苦用心，有为难之处，所有的问题都将迎刃而解。

很多时候，上司和下属之间的矛盾、夫妻情侣之间的分歧、父母和孩子之间的代沟都是因为没有设身处地为别人着想而造成的。因为不了解对方的立场、感受及想法，我们无法正确地理解和回应。然而遗憾的是，极少人有这样的"好奇心"，人们更多的是站在自己的位置上"猜想"别人，认为别人应该怎样，或者站在"一般人"的立场上去界定别人"应该"有的想法和处理方式。

当你为别人着想时，也就是设身处地地进行换位思考："如果

我是他，处在他的位置，我会怎么看待这个问题？我又能怎么处理这件事情？"为别人着想时就不能只考虑自己的立场而忽视他人的立场和感受，否则你的所作、所为就是"一厢情愿"。"设身"就是假设自己是当事人本身，"处地"就是处在当事人的地位和情境。

美国直销皇后玫琳凯在谈论人事管理和人际交往时曾经讲述过她自己的一次亲身经历。有一次，她参加了一堂销售课程，讲课的是一位很有名望的销售经理。他讲得确实很好，既生动幽默又鼓舞人心，玫琳凯非常渴望和那位经理握握手。她排队排了一个多小时，好不容易轮到她和经理面对面了，经理根本没有用正眼看她，而是从她的肩膀望过去，看看队伍到底还有多长，甚至他似乎没有察觉自己正在和别人握手。

一个多小时的守候等来的竟然是这种结果。玫琳凯觉得自己受到了莫大的侮辱和伤害。后来，玫琳凯成立了自己的化妆品公司，她有很多次机会公开演讲，也有很多次机会站在长长的队伍面前，和上百位人士不停地握手。

玫琳凯说："每当我感到疲倦的时候，我总会想起那次令我感到受伤害的情形，然后我马上会打起精神，面带微笑直视握手者的眼睛，我还会说些比较亲近的话，哪怕是几句简短的闲谈：'我喜欢你的发型'或者'你口红的颜色漂亮极了！'我尽可能让对方感受到我的热情和真诚。我一直在极力避免让其他的事情来打扰我。只要是和我握手的人，我都会把他当作那个时候我最重要的人。"

放下自己的主观来理解别人，理解之后才能有真正的沟通，沟通之后才能有真正的好人缘。设身处地为他人着想，在无形中化解了矛盾，升华了自己的人格。也许你还会为一件事情而耿耿于怀，甚至大动肝火，但是因为站在别人的角度上思考，你将更加善解人意，更加细心，更加宽容，更加和善，你也会因此而心平气和，一腔怒气消散了，而同时你的人格也得到了升华。

在日本浅草有家店为人指路时要收 100 日元。这是因为店主觉得每次给路人指路后却得不到一声谢谢，觉得很生气。他就想："如果对方不向我道谢，就付 100 日元吧。这样就算问路的人不表示感谢，我也不生气了。"但是，当他在门上贴出告示之后，就再也没有人到他的店里来问路了。后来，那家店的客人越来越少，最后倒闭了。

在京桥还有另外一家店，也经常有人到店里来问路，或者询问电车路线。来问路的人太多了，店里就贴上了电车路线图和附近地图，还贴上纸条告诉大家："如果有什么不明白的，请不要客气尽管来问。"后来不光问路的人，客人也越来越多，生意日渐兴隆。

这两家店的做法形成了鲜明对比：一家设身处地为他人带来便利，另一家却时时刻刻要别人为自己付出。可想而知，两家店主人的为人处世，对顾客的态度也会大不一样。要知道，顾客一样是有感情的人，最终哪家可以生意兴旺，一目了然。

有朋友抱怨，说他是这个世界最倒霉的人，生意一直做得不好，时常亏本，这位朋友想不通，他自己要文化有文化，要能力有能力，要才华有才华，可为什么总是不如别人呢？他给自己找了一个理由——运气，他认为一切的失败都是源于运气不佳，如果上天给他一点运气，他能将地球撬动起来。

其实，他总是首先想着自己的利益，而忘了为别人着想。有什么好东西，他总是想到自己，也不顾及别人的感受，结果生意上的伙伴们，都一个个离他而去，为此他陷入苦恼中，常常在背后指责别人的不是。可他并不能明白自己失败的真正原因，是由于他的自私。很多时候，人与人之间的关系都是相互的，互相扯皮、争斗，只能是两败俱伤，唯有互相配合、相互团结、相互支持、相互信任方能合作共赢。

只有为他人着想，才能在无形之中化解矛盾，同时升华自己的人格。放下自己的主观来理解别人，理解之后才能有真正的沟通，沟通之后才能有真正的好人缘。爱因斯坦说过："对我来说，生命的意义在于设身处地替别人着想，忧他人之忧，乐他人之乐。"孔子也说过："己所不欲，勿施于人。"这句话的意思是说，不要把自己不喜欢的事情，强加给别人，而是要多为别人着想。

所以，为别人着想给对方带来的是方便、利益和愉悦，别人自然会把你当作自己人来看待，无形之中就会信任你，好运也就会爱上你了。尝试了解别人，站在他人的立场来看问题，就能创造生活奇迹，让你得到友谊，减少摩擦和困难。你先前的那些盲目，你的不释然、困惑、恼怒……都会因此消除。一定要记得，一个人也许完全错了，但他自己却并不会这么认为。不要急于责备他。聪明、容忍、特别的人会尝试着去了解他。如果能站在对方的立场，为他人着想，往往就可以更多考虑别人的需要，找到更多影响别人的方法。

7. 每个人都需要别人关注，你不能吝啬喝彩

有时我们在演绎自己人生的时候，也是在演给别人看，而这种关注就是能让自己更好地提高，让自己变得更好。而生活中人们的关注就是给了我们这种自信。

每个人都希望能得到别人的关注，并会对关心自己的人产生好感。同样，想要得到对方的好感，就应先积极表示你的关心。我们都需要观众，在人生的舞台上需要从别人的评判中肯定与确认自己，需要来自观众的喝彩。多向你身边的人表示你的尊重和赞美，你也会赢得更多的信任和感动。

可是，我们有时并不关注所有的人，只是关心身边有着相同兴趣和好感的人。你的生活需要被关注。当有朋友来访时，家常菜可以做得越发精致；当有好友突击时，茶可以喝得更加香醇。普通可以变得不再那么单调。有朋友在，生活中的琐碎可以再重复讲一遍而不觉得繁复，有好友分享，幸福可以成倍地增加，烦恼亦可以被迅速地消灭。其实，朋友就是生活中的观众。

然而，生活大部分的时间还是不被别人关注的。没有人关注的时候，我们都做自己。我们做自己的时候，都是以自我为中心的，都感觉自己是对的。自己觉得累了，可以视而不见地不理对方，冠冕堂皇地做自己的事情。玩自己想玩的游戏，看自己想看的电影，戴着耳机独享那种热闹；捧着自己那本书，静静地沉迷其中……就是这样，我们懒得戴上那个面具。美名曰做真实的自己。可是我们忘记了，当我们直来直去的时候，锋芒也会不自主地露出来。

李熊飞的父亲是会计，读书人，在半个世纪前也算"书香门第"了。而他的同学之中，更有一个"高大上"的书香之家，那位同学的父亲，是刘海粟的学生。暗自怀着音乐家梦想的李熊飞，只能按部就班学习更实际的理工科——材料工程学。直到多年以后踏上工作岗位，他才终于有机会摸到日思夜想的小提琴。

老李退休以后，才真正捡起了他心爱的小提琴。凭着买书听磁带自学，愣是把《梁祝》都学会了，左腮托琴的位置鼓起一个大包，那都是每天拉琴磨出的茧。他还发展出新的绝活，那就是吹口琴。他家里的口琴数量多得惊人。一盒一盒拿出来，大调口琴、小调口琴、布鲁斯口琴、双排口琴、和弦口琴……排出来能堆满一桌子。

他是夕阳红口琴队的副队长，会自己写曲、编曲。老李在工程队的严谨认真也延续到业余爱好上，他自己用铅笔画的合奏谱，简直跟印刷的交响乐队总谱一样干净整齐。每天都在湖边表演，他很享受被关注的状态，自娱自乐是兴趣，被关注更是乐趣。他很爱用扩音器，用高音来吸引关注的人群。哪怕在家里表演，也都喜欢接上小音箱，吹了一曲圆舞曲。"口琴音量小，有音箱的时候强弱变化会更丰富。"老李说，"这个我有自信，到现在为止，还从来没有人听了我的口琴会嫌吵。"

如果没有人关注李熊飞，也许他也能坚持练习乐器，但一定没有现在这样有自我满足感。更不会有所提高，因为被人关注，他才有了更好的表现。是的，有时我们在演绎自己人生的时候，也是在演给别人看，而这种关注就是能让自己更好地提高，让自己变得更好。而生活中人们的关注就是给了我们这种自信。

在肯定中坚定，在否定中自醒。我们时常会有这样的想法：我是一个什么样的人？我做的事情怎么样？是不是有朋友喜欢我？……这类问题，都能从身边的朋友中得到答案。你也要学会成为别人的观众，因为每个人都需要受到关注。你除了做好演员外，也要当好一名观众，也能给予别人更多的喝彩。

滔滔的父母在国外工作，暂时无法带上他。他非常沉默，自己有什么问题永远自己扛着。他成绩不错，表现也不错，凡事不让照顾他的舅舅操心。滔滔平时给父母发邮件，从来都是报喜不报忧。可是，看到舅妈和女儿嬉戏时，他就会难受得躲进自己的小屋；舅舅买来蛋糕给自己过生日，他把眼泪往肚里咽。听说同学与父母对立、把爹妈气得暴跳如雷，他心想，要是自己能这样该多好……没有亲人的鼓励与支持，或许是无意间拒绝了亲人的鼓励与支持，滔滔的日子过得很艰难。

滔滔常想，妈妈那烦人的唠叨，爸爸不讲理的训斥……这些自

永不放弃，做自己的英雄

己原来不能接受的、痛苦的东西，如果出现在自己的生活中，那也一定是甘之如饴了。

这就是人们对被"关注"和受"安抚"的渴望，即人需要得到他人的关注或安抚才能生存。

人人都会寻求正面关注，避开负面安抚，其实不然。实际上，任何形式的关注，无论正面负面，都比完全没有关注要好得多。为了满足被关注的饥渴，人们宁愿接受负面安抚，也不愿得不到任何关注。因为对人而言，否定性的安抚至少说明他的存在，并且能够证明别人知道他的存在。就像滔滔，因为得不到亲人的关注，他连以前厌恶的负面安抚现在都十分渴望了。

所以，每个人都需要别人的关注，这样就能找到适合自己的"平台"，培养出调节自我的能力。1986 年诺贝尔和平奖得主威赛尔曾这样告诫世人："冷漠是恶的集中体现，因为爱的反面不是恨，是冷漠；美的反面不是丑，是冷漠；信仰的反面不是异端，是冷漠，生命的反面不是死亡，是冷漠。"但对于关注也要有适度，有的人"给点儿阳光就灿烂"，有的人却需求甚多"贪得无厌"。这与个人的童年经历、家庭环境、文化背景有关。在受到关注的时候，我们渐渐地学会如何让关注成为自己的成长动力，并能主动寻找自己的关注。

8. 笑着祝福别人，拥有阳光的人生

笑着祝福别人吧，只有你拥有了阳光的人生，才能从容地面对自己的生活。学会接受他人的成功与幸运，并不意味着认同自己的平庸与拙劣，而恰恰证明你的成熟与坚韧。

虽然我们没有别人成功，但我们有一个幸福的家庭；虽然我们没有漂亮的轿车，但我们有健壮的身体。与其恨着去忌妒，不如笑着去祝福。每个人成功的背后，都饱含着艰辛与汗水，饱含着执着与努力，我们应该学会理解别人的成功，祝贺别人的成功。这样，不仅我们会拥有许多的朋友，还会使自己的人生充满了阳光。

可能很多人都没有意识到，忌妒是一种不健康的心理，它是潜藏在自己内心的敌人，往往损人而不利己。别人拥有再多的财富，拥有再高的地位，事实上都与自己没有多少关系。别人成功了，并不意味着自己就会失败；别人交了好运，并不意味着自己就会交噩运。许多人总是看不惯身边的人比自己强，比自己过得好，比自己有钱，总是希望把别人比下去。结果，越比心中越气愤，越比心中

越自卑，越比心胸越狭窄。要杜绝这种不良的情绪，最好的办法就是不要与人攀比，或不要拿自己的短处与别人的长处相比。

当我们面对忌妒者的中伤时，最容易做出下策的反应，就是反唇相讥。可是这样，我们会因为别人的无聊而使自己也变得无趣，甚至有可能陷入一场旷日持久、使心智疲惫又毫无意义的纠葛中。英国诗人拜伦曾说过这么一句很有意思的话："爱我的我报以叹息，恨我的我置之一笑。"对忌妒者的中伤，最妙的回答是——不理会它，让心灵安详地微笑。

有一对夫妻总爱为一点小事争吵不休。一天，丈夫在外面喝了点酒后回到家里，去水缸取水的时候发现里面倒映着一个男人的影子，他以为是妻子对自己不忠，于是对妻子破口大骂。妻子听得糊里糊涂，赶紧跑过来往缸里瞧，结果她发现里面是一个女人，于是也不由分说骂起丈夫来。两人谁也不甘示弱，打成一团，左邻右舍都来看热闹。这时，村子里一位德高望重的老人吩咐人拿来铁锤将水缸砸碎。不一会儿，水都流光了也没见到半个男人和女人的影子。夫妻俩这才明白他们忌妒的不过是自己的影子罢了，于是又重归于好了。

对于家庭，对于生活，多点理解和宽容，不要老是做无谓的猜忌。做人何尝不是如此呢？我们如果能有一颗平静和睦的心，不忌妒，生活不也是很美满吗？俗话说，己欲立而立人，己欲达而达人。别人有所成就，我们不要心存忌妒，与别人分享成功的喜悦，不也是一种幸福吗？

在遇到让你怀疑的事情时，要冷静，不要枉自下结论，也不要过早下结论，心平气和点，客观、理智地去分析，才能够了解真相。尤其在酒醉和生气的时候，不能像故事中的这对夫妻见到自己的影子时那样，不能冷静地思考分析，反被忌妒心冲昏了头脑而伤了和气。不要被别人的忌妒打倒。如果别人的一个小小忌妒就能把你打倒，这说明你虽然可能是优秀的，但你绝不是最优秀的，起码在意志上算不得优秀。

澳大利亚 101 岁的老妪萨尔维那·福尔莫萨每周多次健身，坚持不懈，甚至还用上了哑铃。之前她还在崎岖的道路上摔了一跤，但是照样参加健身课程，锻炼身体。

福尔莫萨说："我现在能做 20 个'坐下起立练习'。我的信心增加了不少，无论是从坐着的椅子上站起来，还是走崎岖小路，或者走向信箱。"福尔莫萨曾接受过缝纫培训，是一名缝纫教师。她这一生缝制了至少 13 件婚纱，至今依然享受缝纫和烹调带来的快乐。她每天早晨 5 点起床，表示长寿健康的秘诀是从不妒忌，外加每天祈祷。

这是一个积极的故事，福尔莫萨不忌妒别人的品德，让她每天都能宽心地生活。心情是可以影响一个人的判断，只要积极面对，并能严以利己，人生有欲，求而得，会感到快乐，求而不得，则会感到苦恼。可是欲望无限，满足欲望的条件却不能无限制，有的甚至是很少而难能可贵。并且，己有欲，别人也有，僧多粥少，难免引起争斗。

　　谁都有忌妒的时候，只是有些人，这个念头一闪而过，而有些人却因为这个而辗转难眠。有些人因为忌妒而更加努力，而有些人因为忌妒而咬牙切齿，这些差距归结为胸怀也好，归结为品德也好，反正都是我们所共有的，不用批判。忌妒的人往往心胸狭窄、思想卑微。有些好胜心太重的人也容易产生忌妒，他们往往眼里容不下沙子。忌妒损人又害己，朋友，千万别让忌妒吞噬了你。记住培根说的那句话："每一个埋头于自己事业的人没有工夫去忌妒别人。"

　　其实，忌妒别人是一件可怕的事！生活中，人们常常有意或无意地忌妒别人的才能、地位和财富等。当听到同事升职的消息时，自己心如刀绞，还吃不到葡萄说葡萄酸；当看到别人过了小康生活，自己十分眼红，总想损人几句；看到别人比自己的能力强，就在背后说长论短，还想方设法地去打击别人。

　　所以，笑着祝福别人吧，只有你拥有了阳光的人生，才能从容地面对自己的生活。学会接受他人的成功与幸运，并不意味着认同自己的平庸与拙劣，而恰恰证明你的成熟与坚韧。只有成熟而脱离了低级趣味的人，才懂得如何去摆弄得与失的砝码，才懂得生活的艺术原来就是平衡得失的艺术。忌妒心重的人，往往为别人的成就而感到怨恨，又要为中伤别人而处心积虑。因此，忌妒总是以损人开始，以害己告终。

9. 谁的微笑都不卑微，谁都可能是你的贵人

一个生活在凡尘大千世界中的人，不论你地位多么高或多么卑微，只要你尊重了别人，别人就一定会以百倍的尊重来回报你。这，就是以心换心，这，就是做人该具备的最起码的品德。

我们要懂得，多与人为善，对身边的每个人都要心存感激，不要抱有偏见。尊重身边遇到的每一个人，不要轻视那些默默无闻的人，很多时候，在你遇到关键的时刻，能给你最有力帮助的，也许就是他们。

有时我们往往会忽视身边的某些人，比如那些打扫卫生的清洁工、勤杂人员等，觉得他们衣着简陋，面容沧桑，根本就懒得用正眼瞧他们，更不用说去尊重他们了。甚至有人觉得和他们打招呼、说话简直都有失身份。但是，总有一天，你会为这些势利的行为付出代价。

不要戴着有色眼镜看人，学会尊重身边的每一个人，不要认为在他们面前没有必要表现高雅，也没有必要体现修养，说不定某天

永不放弃，做自己的英雄

你的恶劣行为就会被那些对你来说很重要的人看到，人生处处是考场，不要有任何侥幸心理。

有这样一个小故事：

从前有一只蚂蚁被风刮落到池塘里，命在旦夕，树上的鸽子看到这情景赶忙将叶子丢进池塘。蚂蚁爬上了叶子，叶子漂到池边，蚂蚁得救了。它很感激鸽子的救命之恩。过了一段时间，蚂蚁看到有位猎人用枪瞄准了树上的鸽子，但鸽子一点儿也没察觉。就在猎人开枪之际，蚂蚁爬上了猎人的脚，狠狠咬了一口。猎人疼痛之下，子弹打歪了，鸽子逃过一劫，蚂蚁报了鸽子的救命之恩。

小蚂蚁可以在关键时刻帮大忙！动物世界是这样，人类也是如此。每一个人，不管职位高低、身份贵贱、财富多少、能力大小，都有存在的意义和作用，都是不容忽视的。

有一位女士带着孩子去公司，孩子一直流鼻涕，她就拿出纸巾给他擦鼻涕。擦完鼻涕随手把纸巾丢在了干净的地上。这时，旁边一位衣着朴素、白发苍苍的老人走过来把纸巾捡起来放进垃圾桶，什么也没有说。女士又把一张纸丢在地上，老人还是静静地把它捡起来放进垃圾桶里。当女士再次把纸巾丢在地上时，老人依然没有说什么就把它放进垃圾桶里面。

可这位女士瞥了一眼老人后对儿子说："如果你不努力学习的话，长大后找不到工作就像那个人一样，要干这些脏脏的活，被人瞧不起！"老人这时候走过来，说："这里是公司，只有公司职工才可以进来，请问您是怎么进来的？"妇女很自豪地说："我是这个公司营销部的经理!"老人听了,拿出手机拨了一个电话,随后便出来一位青年,老人说:"我建议你重新考虑一下营销部经理的人选是否合适。"原来,那位老人是公司的总裁!

在日常生活中,人们可能很容易去尊重上司,尊重那些名门望族,尊重那些高高在上的人。从而忘了,每个人都需要获得尊重。那些正在与命运抗争的人,他们永远是最棒的人。当代社会,物欲横流,人人眼中已装不下别人,只有自己的利益。仿佛世界围你而转,仿佛缺少了你别人无法呼吸。其实,是你把自己看得太重;其实,是你生活在自己的阴影之中;其实,你需要放低自己的姿态。

幸福的生活是珍惜得来的,越是计较,心理越不平衡,越是不平衡,烦恼越多,我们因此变得不从容。烦恼像藤条一样,紧紧缠绕住我们生命之树上原本可以更蓬勃、葱茏的枝蔓,使得不能自然而生,过分的计划削减掉了芬芳和美好。尊重一个人,是不分身份,风姿也是装不出来的,与人交往时,你要展现出自己最真诚的一面。

一个星期天的晚上,李经理在药店里值班,深夜 11 点时,他隐约肚子有点疼痛,以为是晚饭吃得太急,就没太在意,喝了杯水后肚子却越来越痛。竟然痛得冷汗直流,那一刻他觉得事情不那么简单了,就想打电话告诉家人。然而,剧烈的疼痛让他连打电话的力气也没有。这时他想到了隔壁住着给药店打杂的老王。平时老王是个粗人,李经理从心里有点看不起他,所以很少和老王说话。但现在药店除了老王,没有别人了。

李经理忍着剧痛挣扎着向门口挪动着脚步,在来到老王门前时，他就眼前一黑，什么也不知道了。第二天醒来的时候，李经理从医院醒来，医生告诉他是得了急性阑尾炎。要不是老王把他送到医院及时做了手术，也许命就没了。医生笑着对李经理说："你应该感谢昨天晚上送你来医院的那位老人，从某种意义上说，是他救了你的命。"

曾经被忽略的某个人，也许在危急之中出手救你一命。很多时候，我们在生活、学习和工作中，只顾尊重比自己高的人，而忽略了细枝末节，忽略了小的方面，殊不知，世间的万物都是流动的，都不会一成不变。这一天，老王就成为李经理的救命恩人。一个真正懂得尊重别人的人，不仅仅会尊重自己的上司和父母，更会懂得尊重自己的下属和身边每一个地位卑微的人，因为每一个人都有他的优点，从别人的优点中汲取精华，从别人的缺点中找出自身的不足，何尝不是一种领悟和提高的过程？

善待身边每一个人，因为是他们成就了你的人生。人总爱跟别人比较，看看有谁比自己好，又有谁比不上自己。而其实，在为你的烦恼和忧伤垫底的，从来不是别人的不幸和痛苦，而是你自己的态度。一个人、一个生活在凡尘大千世界中的人，不论你地位多么高或多么卑微，只要你尊重了别人，别人就一定会以百倍的尊重来回报你。这，就是以心换心，这，就是做人该具备的最起码的品德。

所以，不要忽视生活中的点滴小事，谁的微笑都不卑微。我们每个人都应该试着对身边人宽容些，试着对朋友关心点，试着对家人感恩些，试着对自己好一点。学会善待身边人，善待朋友，善待家人，善待自己。尊重别人不仅仅体现在语言上，更要体现在行动中。需要真心实意，不是虚情假意。更加需要用一颗真心去感染对方，带给对方快乐。那么，从中获得快乐的将是你自己。

10. 给自己找个强大对手，让它逼你进一步优秀起来

没有强大对手的刺激是不可能的，你只能哭到最后。只有在对手的激励下，才能不断超越自我，超越他人，实现成功！

让自己在跌宕起伏的岁月里能够不断地迎接机遇和挑战，并把其中的经验与教训作为自己不断成长的营养，你需要的是给自己找一个强大的对手。也就是给自己找一个优秀的参照物，不断激励自己，汲取他人的优点，并强大和锤炼自己。

世间的万物都是有联系、有矛盾的。物竞天择，适者生存。给自己找个对手实际上是以承认联系、矛盾为前提，体现主动解决矛盾的精神。当然，给自己找个对手，并不是盲目地寻找"对手"，也不是寻找"敌手"。寻找对手不是逞一时之能而四面树敌、八方威风，也绝对不是把对手打倒在地，然后气喘吁吁地分出胜负和高低。

给自己找个对手，就如同斗士在寻找剑；骆驼在寻找沙漠；金刚钻在寻找瓷器……谁都想成为威名赫赫的英雄，成为耀眼的明星，让自己的人生波澜壮阔。然而，很多人往往懈怠了自己，渐渐

习惯于安逸，最终平淡无奇地完结一生。不是每个人都能成为英雄，也不是每个人都要成为明星。但给自己找个对手，借以充实自己的头脑，强壮自己的体魄，去不断地迎接机遇和挑战，总是可以的吧。

有时候拥有一个强劲的竞争对手真是一件幸事。

在北海道盛产一种味道鲜美的鳗鱼，海边的渔民们都以捕捞鳗鱼为生。可这种珍贵的鳗鱼生活特别脆弱，一旦离开深海就容易死去。为此渔民们捕回的鳗鱼常常是死的。但村子里有一位老渔夫却天天能捕回活的鳗鱼，与之一同出海的渔民也想捕抓活鳗鱼回来，却用尽方法依然是一船死鱼。老渔夫的活鳗鱼由于奇货可居自然价格也高出好几倍，不久他就成了富翁。

时间一久，渔村甚至开始传言老渔民有某种魔力，让鳗鱼保持生命。就在老渔民临终前，他决定把秘诀公布出来。其实他并没什么魔力，老渔民使鳗鱼不死的方法非常简单，就是在捕捞上来的鳗鱼中，再加入几条叫狗鱼的杂鱼。狗鱼非但不是鳗鱼的同类，而且是鳗鱼的"死对头"。几条势单力薄的狗鱼在面对众多的"对手"时，便惊慌失措地在鳗鱼堆里四处乱窜，由此却勾起了鳗鱼们旺盛的斗志，一船死气沉沉的鳗鱼就这样给激活了。

竞争的力量就在于，一旦有了竞争，人们就会斗志昂扬，全身的激情被激活。老渔夫仅是引入几个"对手"便使一船鳗鱼起死回生，他的做法不能不令人惊奇。而在现实生活中，没有竞争的地方也往往是死水一潭。一个强大的对手存在，并非都是一种不利，有时反而是帮助我们走向成功的有效捷径。鳗鱼如此，何况是人呢?

强劲的对手是进步的助推剂，也是前进力量的催化剂。尤其在事业上，需要给力的对手才能实现双赢或共同进步。

所以，一定要给自己找一个强大的对手。在人生的长跑中，谁能笑到最后? 没有强大对手的刺激是不可能的，你只能哭到最后。只有在对手的激励下，才能不断超越自我，超越他人，实现成功! 只有如此才能向命运展示一份坚强，一份美丽，整个人生才会更加精彩。对手越强，你须更强才能战而胜之。人这一生，没有对手是可怕的，没有强劲的对手更为可怕。没有更强的对手，你想"独孤求败"都不可能，人生会很寂寞。

第五辑 只要你持续努力，
就一定会创造奇迹

成功需要时间，你尚未成功，不是你能力不行，也不是你的梦想实现不了，而是你还不够优秀。此时，你除了耐心外，需要做的是持续努力，让今天不够优秀的自己明天变得更优秀。因为只有你持续努力，就一定能创造奇迹。

1. 你的坚持，能让低谷变成走向另一个高点的开始

世上只有对处境绝望的人，没有绝望的处境。越是怕输的人，就会输一辈子。低谷并不可怕，每个人都会经历到，不同的是它让弱者选择了放弃，而让强者创造了奇迹。

当你面对人生低谷时，与其计较命运对你的不公，不如以豁达的心态去面对它。哪怕只有万分之一的机会，也决不要放弃，因为成功者总能借助信念的力量，找到最后的光亮，并由这希望之光，走向另一个更高点。

人的一生，并非是一帆风顺的，就好像是大海上的波浪，时高时低。偶尔到达高潮，偶尔经历低谷，到达低谷在所难免，如果一味地怨叹、悲泣、痛苦，是不明智的。刀不磨不锋利，人不磨不成器。人生总有起落，好走的路都是下坡路。如果感觉到累，说明你正在往上走。坚持走自己的路，不折不挠，爆发最强的反弹力，冲出低谷，你就会达到人生的另一个高度。

逆境是前进的助力，更是造就强者的动力。一个人，如果不逼

自己一把，就不知道自己原来有这么优秀。在人生低谷时，我们不能放弃，也许只要一个念头就能把命运逆袭。世上只有对处境绝望的人，没有绝望的处境。越是怕输的人，就会输一辈子。低谷并不可怕，每个人都会经历到，不同的是它让弱者选择了放弃，而让强者创造了奇迹。

　　小炜是一名海外留学生，他从大学毕业后一直想找工作。但工作签证却要等很久才能批下来，而在此期间他不能合法工作，更不能领薪水。他为自己在临近的一个市区内，预先找到了一家公司，他等待工作签证下来后就可直接去工作。工作的那个城市需要搬家，而他却没有钱支付新租房的押金，只好问朋友借钱。谁知却上了无良中介公司的当，又被骗。

　　在海外身无分文又举目无亲的小炜，情绪十分低落。这时原先的公司方面怕劳动部门来查黑工，又将他辞退。屋漏又遇连夜雨，眼看小炜即将露宿街头，他原来的房东向他伸出了援手，同意将房屋继续租给小炜，并等他工作后再支付房租和产生的利息。虽然小炜的生活还没有转机，但他通过努力，抵制了在低谷中自己消极的态度，转而开始继续为自己的工作奔波。终于在工作签证批下来后，他如愿以偿地获得一份新的工作。

　　一切都会好转的，只要你坚持下去，总有一天情况会好转。人们总是希望自己爬得越高越好，永远也不要摔跟头，永远也不要跌入低谷之中。然而事实上无论是人生、事业还是爱情，总是在低处与高处间轮回，呈现为一个抛物线的形状，从低到高，达到顶点后，又从高到低，如此反复。小炜独自在海外生活，没有了依靠，一切都需要自己强大起来。他的生活还在饥饿中挣扎，可他有一股勇气，他面对自己的未来时，充满了信心。

走出低谷时，我们可以释然一笑，因为人生不过如此，再往后也不会有多难了。我们走出的每一步都艰难时，就离成功不远了。但当你身处人生高处时，切不要志得意满、恃才傲物，而止步不前。其实，这时的你，已将滑向人生的低处。

美国经济大萧条时，有许多的美国人因承受不了压力和打击，纷纷选择了自杀。克里斯也处于无奈的境地，他想选择自杀来解脱。这天，他来到一条铁路旁，准备卧轨自杀时遇见了一位慈祥的老人。老人问克里斯："小伙子，你这么年轻，为什么要选择这种方式离开人世？是因为没钱花，还是因为没有找到工作？"

克里斯痛苦而悲伤地回答道："我大学毕业已经很多年，一直没有找到工作。我顺着铁路走了二十多座城市，现在是万般无奈之下，我才选择自杀。"老人对克里斯笑笑，告诉他继续顺着铁路往前走，去往下一座城市，那时会遇到一只山鹰，它会给你指明成功的方向。克里斯不相信老人的话，但反正没有希望的他，还是决定去下一座城市。

当他走到老人所说的那座神奇城市时，已累得疲惫不堪。他一屁股坐在空无一人的广场上，闭着眼睛一动也不动。突然他感觉有光亮射向他的眼睛，一只硕大的山鹰展着翅膀向他飞来。克里斯诧异地看着这一切，更加不相信自己的眼睛，他用力地擦了擦眼睛，

永不放弃，做自己的英雄

原来老人没有骗他，这里真的是一座希望之城。20年后，克里斯成为一名飞行员，翱翔于蓝天白云间。

老人没有欺骗克里斯，那束光和山鹰救了他，而那不过是希诺广场钟楼上的一个雕塑。当面对人生低谷时，你需要的是一种能站立起来的信念。当生命的浪潮涌来，如果不懂得应对，必会沉沦。如果懂得顺势跃起，驾驭浪潮，就会在风浪中前进。处在生命的低谷，不要手足无措，学会让自己淡定下来，认真思考，为伺机奋发做充分的准备，增进奋起的信心与动力，这才是明智的选择。

很多时候，巨大的成功往往会导致我们更大的失败，而暂时的失意却常常能引领我们走向成功。势不在你这儿，那么你极有可能正处在人生低谷期，此时最重要的是有个良好的心态，能否稳住，能否忍住，多积累，少牢骚，要有忘我精神。蓄势待发，厚积薄发，尽量憋足了劲儿才能更好地迎接下个高潮期。以出世的精神办入世的事情，安分守命顺时听天，安然自若相得益彰！

所以，低谷是走向另一个更高点的开始。人的一生总是充满了坎坷与磨难，总会遭遇到这样或那样的不幸。当身处高处时，要不骄不躁，要意识到潜在的危险，要不断地奋发进取。当身处低处时，不要自暴自弃，不要悲观绝望，凡事要看到积极有利的一面，充分利用自身的优势，等待下次机会的到来。因为低处只是暂时的停留，只是力量的蓄积，一旦时机成熟，达到所需的能量，就会石破天惊，到达另一个理想的境地。

2. 只要你持续努力，就一定会创造奇迹

梦想并非现实，但积极的态度、执着的精神可以将它变成现实。梦想需要坚持来实现，寻找自己的蓝天，追寻希望的萌芽。你每一次张开翅膀去飞翔时，难免会受伤，只要有梦想在激励，未来就承载着希望。

一个人即使不起眼，他具有的梦想在别人眼里再如何卑微，只要通过努力了，梦想就会有所实现。有了梦想也就有了追求，有了奋斗的目标，就有了生活的动力，它催你前进。梦想就像一粒种子，种在"心"的土壤里，尽管它很小，却可以生根开花。

没有梦想的人，就像生活在荒凉的戈壁，冷冷清清，没有活力。他们的生活如离群的大雁，跌跌撞撞，没有目标。他们中有的人性格内向，非常自私，从不关心人也没有真正的朋友。做事只有听从，却没有自己的主张，对于现在和未来都没有任何憧憬，他们抑郁多疑，总是一个人待在家里，厌恶与他人交往。

其实，梦想是你心中的一缕阳光，只要放一点光照进入你的身

体，就能驱散压抑你的阴霾。梦想是一泓清泉，在你疲惫的时候，洗净你心中的铅华。每个人都需要拥有梦想，但不是每个梦想都能实现，面对残酷的现实，梦想变得遥不可及，因为它与现实相距太远。是什么阻碍了梦想的实现？不是别人，就是你自己。你觉得遥远，故而畏手畏脚地不敢行动，你觉得道路坎坷，又无法放弃现在的生活，你在自己设计的围墙里往外观望，局限在自己的思维界线内，成为自己的俘虏。

1982 年，王路路出生在安徽淮北的一个普通家庭。由于他 8 个月时感染风寒，而引起高烧致脑积水成了名脑瘫患者。为了给王路路治病，他的父亲选择辞职下海经商，而当其事业成功后却又婚姻破裂，王路路与父亲同住，当父亲再婚后，他又在继母的照料下慢慢长大，虽然生活可以自理与人交流无障碍，但由于他的智力偏低，到了初二就不得不退学在家。父亲为了让王路路有个稳定的工作，让他在自己的公司里任物流部经理，占 10% 的公司股份。他的继母却从中使诈，安排自己与前夫所生的儿子为公司总经理，王路路一气之下从公司辞职。

为了证明自己的人生价值，他先是在一家快递公司做快递员，然后又到一家电脑维修公司学习电脑维修。对于这个有点迟钝的人，老师觉得他不适合学这个颇有技术含量的活儿。可王路路不放弃，通宵达旦地研究电脑的各项构造和运行原理，他的桌上总是散落着一堆拆卸下来的电脑零件。学成后开始摆维修摊位，帮人修电脑。他对自己的成就还不满足，又去参加商务英语的培训，同样是面对讥笑，但他只想做自己想做的事。2012年，他通过了英语四级考试，凭着一口流利的英语被一家保险公司录用为业务员，他的憨笑成了公司的励志名片，第二年又被聘任为培训师。

也许你不够聪明，但你一定要知道追逐梦想的时候最幸福。王路路智力低下，却为了自己的梦想而不断坚持着，为了适应这个社会而努力学习新的知识，作为常人的我们还有什么理由对自己说"不"？人生不如意十有八九，怨天尤人也无济于事。只有像王路路这样为自己而拼搏，坚持不断地进取，不断地超越自我，才能让人生的道路更加宽阔，才能让生命更加绚烂。

我们用什么让自己的梦想开花？用汗水、泪水甚至血水去滋润它。每个人的心底都有属于自己的梦想，但大多数人都觉得自己的梦想只不过是梦想，它虚幻得遥不可及，于是将它深深地埋在心底，连破土的机会都不给它，这样，梦想怎么能开出绚丽芬芳的花儿呢？

在埃及开罗有个家资巨万的人，他仗义疏财，将家财都散尽，最后只剩下祖传的房屋，他不得不又开始干活糊口。他十分辛苦地工作着，一天晚上累得在园子的无花果树下睡着了。他梦见一个衣服湿透的人从嘴里掏出一枚金币，然后对他说："你的好运在波斯的伊斯法罕，去找吧。"第二天清晨醒来后，他就踏上旅程，经受了沙漠、海洋、海盗、猛兽等的磨难和考验后，终于到达了梦境中的地方伊斯法罕。刚进城时天色已晚，他在一座寺院里寄宿，在这所寺院旁正巧有一民宅被强盗闯入，还在睡梦中的他被惊醒后，连忙高声呼救。巡夜的卫兵听到呼喊及时赶来，强盗们不得不翻墙逃逸。

从开罗来，并停留在寺里的他成了重大嫌疑犯，卫兵们不由得他辩解就用竹杖打得他死去活来。两天后，他在监狱苏醒，告诉卫兵们的首长说，他是因为有人托梦，叫他到伊斯法罕，说他有好运在这里。现在他到了这里，却发现等待他的不是什么好运，而是一顿劈头盖脸的暴打。这位首长听后大笑，他说："你别轻信梦了，我三次梦见开罗城的一所房子后面有棵无花果树，在树后有个埋着宝藏的喷泉。"这个人被遣返回国后，在自家院子的喷泉下，果然挖出了祖上留下的大批宝藏。

这是个带有神话色彩的故事，虽然不是真实的，但它说明了一个道理：梦想并非现实，但积极的态度、执着的精神可以将它变成现实。梦想需要坚持来实现，寻找自己的蓝天，追寻希望的萌芽。你每一次张开翅膀去飞翔时，难免会受伤，只要有梦想在激励，未来就承载着希望。

梦想是埋藏在心中的一颗希望之种，是心灵深处最强烈的渴望。年少时，它离我们仿佛那么远，那么渺茫，那么不真实。而在壮年时，它离我们仿佛又那么近，那么清晰，那么令人振奋，因为，这时的我们已经取得了成就，超越了自我，而在那成功的背后，是数不尽的汗滴与说不尽的辛劳。

所以，冲破自己思想的沟壑，再卑微的梦想也会开出花来，不要将成功败在自己手中。在城市里有很多行业，只要专精一样，付出很多的精力，总会有回报。我们每次扬帆起航，都难免有阻力，只要梦想在，未来就充满希望。每一个正在奋斗的人，都不要泄气，很多人在你不知道的地方和你一样地努力，所有的梦想都会开花，不论它是卑微还是高尚，千万要相信自己。

永不放弃，做自己的英雄

3. 你可以哭泣，但哭过必须继续前行

你蒙住自己的眼睛，不等于世界就漆黑一团；你蒙住别人的眼睛，不等于光明就属于自己。在这个世界上，只有想不到的人，没有做不到的事。你想干的话，总是会想出办法，若不想干，也总会有理由。

要实现自己的人生逆转，就得认定目标，坚持做好一件事。生活是会从好梦中被粗暴地惊醒，人生不可能一帆风顺，不可能事事如意，但要信念不灭，再贫瘠的土地，也能种出庄稼，再糟糕的种子也会结出果实。

在生活中要做一个耐心而坚韧的人，现在的痛苦总有一天会为你所用。经历过，体验过，人就变得坚强，对所有发生的事情都能释怀，不管经历的是先天残疾，还是被人伤害，都没有什么不好，一切都是被需要。只要我们内心变得坚强，就没有所谓的分离、伤害或痛苦。这样你就会变得自由。

也许你现在身处泥泞，面临的是狂风暴雨，请坚持下去，在狂

风暴雨过后就是一片灿烂的艳阳，不要让自己成为懦夫，要实现自己人生目标的关键是找到一条最快、最直接的路。每个人的人生之路都不会平坦，可能你身处伸手不见五指的黑夜之中，但那是相对的，既然已经是黑夜了，就意味着黎明不远了，把握有限的生命，选择一条捷径才是王道。

付关政怎么也想不到，他人到中年时，却遭遇毁灭性打击。由于他投资不利，瞬间破产，在卖掉家中房产后，还欠下了1200多万元的债务。此时，他的身体也雪上加霜，突然胖到300多斤，使呼吸器官坏死，晚上睡觉只能靠氧气机呼吸。大家都认为，他将彻底"倒下去"。可他拖着病体四处打探，想尽办法挣钱，但不管多苦多累，都收效甚微，终于有一天，他捕捉到了商机：一个8平方米的小巷门面，让他想起了母亲做的炸香肠的味道。

在朋友的帮助下他盘下了这个门面，然后一遍遍尝试做炸香肠，可总做不出小时候母亲炸出来的那种美味，他回到老家向老人们请教，然后再无数次实验，直到大家都说好吃。他的香肠店开张了，没想到生意火爆，多的时候一个月就能赚5万多元。想着那些债务又能还掉一些了，他特别开心，没日没夜干得更起劲了，后来又开连锁加盟店。三年下来，一根根地卖香肠，竟让他还掉了近千万元的债务！他就是"非肠不可"品牌的创始人，被人们称为"奇迹人物"。

你即使输掉了一切，也不要输掉微笑。当你觉得处处不尽如人意时，不要自卑，你只是个平凡的人而已。付关政在自己身体不佳时欠下巨债，他忍受着双重的折磨，顽强地坚持着，付关政告诉自己一定要坚持下来，因为如果自己倒下，那么，那些债务就会压给自己的孩子。还有，自己人生中这么多亏欠还没有偿还，要想办法努力还了才行！就这样他苦熬了十年，依旧没放弃，因为那些债务时刻提醒着他。

在生活中，当别人忽略你时，不要伤心，每个人都有自己的生活，谁都不可能一直陪着你。当你看到别人在笑时，不要以为世界上只有你一个人在伤心，其实别人只是比你会掩饰。当你很无助时，你可以哭，但哭过你必须要振作起来。

查尔斯·舒尔茨在他小时候是一个出了名的"笨"孩子，他在父母眼中是个十足的蠢蛋，因为他从未干过一件出色的事情。在老师眼中，他是考试永远不及格的差生，毫无前途可言。在他的同学眼中，他是个软弱可欺，打他也不敢还手的人。查尔斯努力想改变自己，他用功学习、加强体育锻炼，但没有人关心他，也没有人和他玩耍。虽然在很多方面，查尔斯的表现都相当差劲，只有一个方面还勉强过得去，那就是绘画。

他渴望有一天，能成为像梵高一样的伟大画家。其实，那只不过是他一厢情愿的想法罢了，他的画从未得到过别人的好评，中学时，他鼓起勇气向《毕业年刊》的编辑投去几幅他自认为十分满意的作品，但不幸的是没有一幅被录用。后来，他又向其他报刊投稿，结果均被无情地退了回来。后来，他转变了创作方向，开始将自己独特的人生经历和生活体验融入漫画之中，营造出一个充满幽默、幻想、温暖和忧伤的世界，其中有两个大家非常熟悉的人物，小男孩查理·布朗和小狗史努比，他把这部漫画作品命名为《花生》。这部作品一经问世，就受到了人们的广泛关注，犹如一颗重磅炸弹，震撼了半个世纪。

在查尔斯成名之前，没有人在乎查尔斯的感受，更没有人在乎他的存在，他就像一个可有可无的边缘人，孤独而卑微地生活着，偶尔有人跟他打声招呼，他都会感到受宠若惊。你蒙住自己的眼睛，不等于世界就漆黑一团；你蒙住别人的眼睛，不等于光明就属于自己。在这个世界上，只有想不到的人，没有做不到的事。你想干的话，总是会想出办法，若不想干，也总会有理由。

这个世界不会因为你的疲惫而停下它的脚步。无论你正经历着什么，过得是否开心，真正能让你倒下的，不是对手，而是自己内心的绝望。尽管查尔斯遭受了无数次退稿的打击，但他毫不气馁，他仍然坚信，自己的漫画与众不同，是金子总会发光的，只是时间的早晚而已。在挫折面前，不要忘了当初为何而出发，是什么让你坚持到现在，丢失的自己，只能一点点地捡回来。

4. 你坚持十年做一件事情，上天也会被感动

在没有别的成功捷径可走的时候，你只能选择一心一意地做好这件事，把它做成别人无法所及的程度，那时你就相当于成功。

你是否会觉得要坚持做一件事情很难，特别是要把一直坚持的这件事做好，那更是难上加难。在你坚持做这件事的时候，往往要经历很长的过程，在中途会有很多诱惑你不能坚持的因素，没有很好的毅力是做不成一件事的。

相信很多人都有这样的经历。当我们决定做某一件事情的时候，总是有这样那样的理由迫使自己放弃做这件事情。其实，并不是理由迫使我们放弃的，而是我们经常会中途泄气。我们在开始准备做一件事情的时候，一定要去除自己浮躁的心，让自我安静下来，不要只坚持不到一个星期，就感觉自己有了很大的成功，然后心满意足地开始松懈自己。你可能会对自己说，今天稍微放松一下，明天继续坚持。可直到最后都无法坚持。

一件事情是否能坚持，主要取决于自己定的目标，如果自己定

的目标能够给自己很大的鼓励，那么你坚持这件事情就能够坚持的时间长一点。要把自己放在一个有竞争的位置上，找一个对手，时刻告诫自己，如果不努力就将面临失败。做一件事并不难，难的是坚持。坚持一下也不难，最难是坚持到底。

桑姆原名陈荣妹，她从小就喜欢舞蹈，但是由于父母认为艺术之路不好走，再加上家里经济条件不允许，懂事的桑姆忍痛舍弃舞蹈，考取了南京大学的园林设计专业。毕业后，她又幸运地考取了事业单位，做了一名文秘人员，对于这份稳定的工作，她觉得不是很开心。因为学的专业在工作中运用极少，她想做点喜欢的事。于是，用业余时间她开设公益瑜伽教学。

在大学里就与瑜伽结下不解之结的她，开始是室友让她陪练，没想到桑姆一下子着迷了，她觉得瑜伽让整个身心都舒展了。由于桑姆的刻苦，受到做瑜伽老师的邀请成了名助教。尚在读大二的她就可以自己带一些初级瑜伽学员，为了接受系统的学习，她自费参加了瑜伽学校进行培训。为了坚持她的瑜伽事业，桑姆不顾家人的反对辞掉了工作去追逐自己当一名瑜伽教练的梦想。

创业的起初并不那么让人乐观，来上课的人寥寥无几，大家都认为练瑜伽是为了减肥。这让桑姆很无奈，为了让学员们能坚持练习，她根据每个人的身体状况，有针对性地对颈椎病、腰椎病等病痛进行不同的瑜伽体式的练习，倡导一种健康生活方式的理念。现在她已拥有自己的瑜伽馆，每天要带学员上三节课，人数最多的时候一节课有30多人。

　　在遇到阻力时，想象自己在克服它之后的快乐，积极投身于实现自己目标的具体实践中，你就能坚持到底。生活中最可怕的敌人，就是没有坚强的信念。然而桑姆坚信，一辈子只做一件事是不可能做不好的。

　　坚持就是永不放弃。主动意志力能否让你克服惰性，而把注意力集中于未来。在没有别的成功捷径可走的时候，你只能选择一心一意地做好这件事，把它做成别人无法所及的程度，那时你就相当于成功。如何在有限的范围内，一心一意做完一件事情，并且达到熟能生巧的地步，就变得极其重要。

　　所谓的天才，就是把一件事情做到极致。然后，你就会找到另一种快乐之感，这就是从基础数量的坚持到一定程度而产生的质变。而我们不得不承认，大部分的人都不具备坚强的意志力。可是，意志力却是成功的重要保证。那部分人所以没有能力坚持的原因，就是他们的大脑从一开始就对做这样的事情表示了抗拒。长年累月去做一件同样的事情，大脑一想到这样，第一个反应就是赶紧逃避。

　　所以，你必须坚持做一件事情，这样上天才会被感动，它就能把成功赋予你。坚持是在遇到困难后还可以继续走下去，坚持是对某件事或某个人始终保持执着，顽固不变的一种态度。它可以激发人的斗志，不断地以积极的态度去应对。它也能磨炼你的意志，当你想要退缩时，会毫不留情地告诉你，你将得到失败的结局。坚持其实就是一种信念、一种理解、一种责任，它可以完善你的品格，带给你的不仅是自信，还有胜利。

5. 你没有特别幸运，就请你先特别努力

一个人不会永远处在倒霉的位置，没有什么付出是得不到回报的，要相信很快幸运就会主动找上你。

祸福相依。在生活中，我们总要面对各式各样的事情，有时这些事情之间是会带来相应的成与败的关系，在遇到倒霉的事情时，不要心灰意冷，也不要放弃理想，而应冷静客观地面对当前的事件，做出认真的分析、总结，往往你的幸运就在这些倒霉的事中等你。

人生有时真的是扑朔迷离，你原本认为一件很倒霉的事，可最后却给你得益不小。这也验证那句古言：塞翁失马，焉知非福。面对时运不济时，关键是你能否直面困难并勇于战胜它，这需要你有一个好的心态，不把目前的情况看成是糟糕透顶和一无是处。

要想走出逆境，临危不惧是对抗倒霉的最佳良方。没有错误的人生，只有做错事的人。当你身陷各种挫败时，沉着与冷静能让你去除恐惧，此时只要坚持你的人生目标，不放弃、不抛弃、不自暴

自弃，直面自己为何不能成功的原因，并加以改进。一时的不顺心，也就意味着你正在逐渐地走向成熟。

在美国有两个拥有百年历史的老牌化妆品牌"Body&Earth"和"Green Canyon Spa"。这个品牌在当时的拍卖市值为 800 万美元。然而全球金融危机爆发后，美国的经济一片低迷。在这灰暗的情况下，有些经济专家悲哀地预测，此次危机至少要持续两三年。而在我国的厂商却没有表现出丝毫垂头丧气，因为这次的金融危机也许正是一次不可多得的商机。

福建双飞日化有限公司就抓住了这次难得的机会，出手以 140 万美元的价格收购了"Body&Earth"和"Green Canyon Spa"。福建双飞日化有限公司很早就开始与美国 Solar 公司合作，承接其"Body Earth"和"Green Canyon Spa"的产品，每年承接的订单金额在 300 万元以上。但是，在金融风暴的袭击下，Solar 公司在近期申请破产，这意味着它共拖欠福建双飞日化有限公司 147 万美元的货款将成为坏账。后来，经过双方的多次协商，双飞日化最终采用"以欠款换资产"的策略，将 Solar 公司旗下的两个品牌及三千多个销售渠道收入囊中。

面对全球的金融风暴，福建双飞公司反而斗志昂扬、意气风发。它以积极的态度面对企业的压力，从中找到了成功的机会，并极力扭转局势，给自己创造了财富。其董事长说："金融风暴是中国企业提升自己在全球金融体系中地位的一个难得的机会。"不要在不如意的时候轻易认输，更不要放弃希望。而要顶住命运的一次次攻击，也许就能等到希望。在你最困难的时候，也是你最接近成功的时候。

想越幸运就得越努力，越懒惰就越倒霉，别人看到你的累，最后轻松的是你自己。你必须特别努力，才能显得毫不费力。努力和收获，都是自己的，与他人无关。在祸中要有福的希望，而在福中更应该有祸的忧患，如果没有祸的忧患，那就危险了。没有忧患意识的后果是多么可怕，我们在生活中要平和地面对自己的境况，客观地面对当前的祸与福，对未来的转化做好充分的思想准备。

并不是每个人都可以一直幸运，也不是所有不幸运的事都会落到你头上，人一生很漫长总会有幸运的时候，也总会有倒霉的时候，幸运时我们就满脸幸福开怀大笑，倒霉时我们就满脸哀愁垂头丧气，其实幸运与倒霉是平等的。上帝给予你幸运让你快乐，也会给予你逆境让你成长。其实只要我们有好的心态，所有的事情都会变得简单，就算遭遇逆境我们也可以一笑而过不会耿耿于怀。

从农村来的刘小梅，刚读大学时很羡慕身边的女同学打扮得一个比一个漂亮。她也想打扮自己，在一次发传单赚了 300 元后想给自己买一件新衣服。在商场里她看中了一件 130 元的衣服，价钱让她有些犹豫。就在她要离开的时候，有位顾客掏出一份报纸竟以 100 元的价格把那件衣服买下了。原来，这家商场在星期六搞活动，顾客可以凭报纸上的广告，在限定的人数内享受优惠。凭一份报纸广告就能优惠 30 元？刘小梅第二个星期六也买了一份报纸，早早赶到商场，用 100 元钱买下了那件喜欢的衣服。

同宿舍的两位室友知道后也想效仿。可惜晚了一步，当天限额顾客满了。没买到衣服的室友遗憾地开玩笑说："小梅，你以后给姐妹们当打折信息员好了，我们付你信息费！"虽然只是句玩笑话，但刘小梅想：如果我把这些收集到的信息当商品卖，挣点钱也不错呀。此后，她就多了一个习惯，每星期六买两份报纸。她根据舍友的购买能力，挑选了三条信息：一条是某商场新开业的商品优惠；第二条是某条商业街拆迁，商品大处理；第三条是某品牌专卖店3周年店庆，服装优惠。最后，舍友每人各买了一件品牌服装，共节省了近300元。小梅也从中得到100元的信息费。之后，刘小梅每当收集到一些适合宿舍姐妹们的"打折"信息时，就卖给大家。

你没有特别幸运，就请你先特别努力，别因为懒惰而失败，还矫情地将原因归于自己倒霉。小梅由于发现了打折的"秘密"后，原本要多花买衣服钱的她，最后却把这个信息转化成了自己创收的源泉。有时积极的我们能从生活中发现美好，那就是你用努力换来的意外收益，这就像是种下了一棵幸运草，用努力去呵护它，就会给你带来幸运。

所以，一个人不会永远处在倒霉的位置，没有什么付出是得不到回报的，要相信很快幸运就会主动找上你。每件事物都有它的两面性，主要是看你用何用心态去接受它，如果你用悲观与失落的心情去面对时，你看到的都是失望与绝望，这也会影响你下一步的发展。但你如果用乐观积极的心态去处理它时，也许你会发现：原来事情并非想象的那么糟糕。这时你就可以对原来的事件进行反省，在哪里出了问题？进行改进如何？实在不行，大不了重新来过！有时倒霉带给你经验和教训，也是让幸运青睐你的原因。

永不放弃，做自己的英雄

6. 你的时间有限，要像没有明天那样去奋斗

不要白白地度过时光，有用的时光很快就会消失，那时你跟行尸走肉没有什么分别。只要活在这个世界上，我们就要珍惜每一寸的光阴。

人生只有一次，走过了就失去了。人，从生到死，无论选择什么样的道路，都只能演绎一次。要珍惜人生中的每一次相遇，每一次痛苦或快乐的经历，把每一天都当作最后一天来过。你的人生没有备用胎，只能鼓足勇气，勇往向前。

很多人认为，人的一生很长，有足够的时间去实现自己的梦想。于是，浪费、徘徊、虚度。而事实上，人的一生非常短暂，稍不留神，青春就随风而逝，偌大的春天荒了，又怎么会有秋天的累累硕果呢？如果你做什么事情都想着退路，那么你很难在事业上取得成功，甚至可以说是，寸步难行，到头来只能是一声长叹。

不知从何时开始，我们的人生中多了许多备用的东西，钥匙丢了，可以用备用的开门；电池没电时，可以换上备用电池；当轮胎

爆了，可以用备用轮胎继续前行，备用的东西虽然给我们生活带来了很大的便利，但也逐渐让我们退化了某些方面的能力。比如，谨慎、爱惜、记忆力等。

艾米在她曾祖父的葬礼上激发了关于死亡的思考："我们无法阻止命运。"她的父亲睿智地回答了她的忧虑："我们唯一能做的，是在有生之日不要辜负每一刻。"五年后的一次中学舞会上，很多女孩七嘴八舌地谈论着一位新来的澳大利亚交换生——杰森。快歌隆隆的音乐声充斥着体育馆，周围所有女孩都宁可整夜坐在看台上，也不愿冒被拒绝的风险。于是艾米想挑战一下，去邀请杰森跳舞。

鼓足了勇气的艾米，转身向体育馆对面走去，她在穿过体育馆的路时，仿佛这路没有尽头，同学们的目光又像烈火般烧灼在她的背上。艾米艰辛地走到杰森面前害羞地开口说道："嗨！能请你跳支舞吗？"杰森睁大了眼睛，像是在脑子里寻找借口，在沉默了一会儿后终于回答："实际上，嗯。我没打算跳这支舞。"遭受打击的艾米立即装出无所谓的样子，平静地转过身回到了先前的看台上。几分钟后，另一支舞曲响起，令人惊讶的是杰森朝艾米走去，他腼腆地问道："嗨！愿和我跳这支慢舞吗？"

在我们的生命中有成功也有失败，但是不会有遗憾，因为我们知道，珍惜生活的每一刻，不要辜负生命中的美好。虽然为了成功，我们有时必须承受失败，但像艾米这样：与其虚度整个舞会的时间，冒一下被拒绝的风险会更有吸引力。不要白白地度过时光，有用的时光很快就会消失，那时你跟行尸走肉没有什么分别。只要活在这个世界上，我们就要珍惜每一寸的光阴。

生命的长度是用时间来计算的，但是生命的价值是用你对社会所付出来计算，所以要想你的生命价值越大，那你对社会所付出的就要越多。

有这么一个小故事：一只海螺，经常看到渔夫拿着长长的钓竿要钓它，每当它看到这危机时，头就缩进它认为十分安全的壳内，躲避一切。隔了几天，它想伸出头来看看风景，呼吸一下空气时。突然发现，周遭环境变得都不太一样了，它身处在一家海产店，外面标价：50 元。

我们不能像这个海螺一样，遇到困难，就躲起来，等你发现危机时，已无能为力。

1706 年 1 月 17 日，美国启蒙运动的开创者、科学家、实业家和独立运动的领导人之一本杰明·富兰克林出生在北美洲的波士顿。他的父亲原是英国漆匠，当时以制造蜡烛和肥皂为业，生有十七个孩子，富兰克林是最小的儿子。富兰克林 8 岁入学读书，虽然学习成绩优异，但由于他家中孩子太多，父亲的收入无法负担他读书的费用。所以，他到 10 岁时就离开了学校，回家帮父亲做蜡烛。富兰克林一生只在学校读了两年书。12 岁时，他到哥哥詹姆士经营的小印刷厂当学徒，自此他又当了近十年的印刷工人，但他的学习从未间断过，他从伙食费中省下钱来买书。同时，他利用工作之便，结识了几家书店的学徒，将书店的书在晚间偷偷地借来，通宵达旦地阅读，第二天清晨便归还。他阅读的范围很广，从自然科学、技术方面的通俗读物到著名科学家的论文以及名作家的作品都是他阅读的范围。

30 年后，富兰克林当选宾夕法尼亚州议会秘书。第二年，任费城副邮务长，虽然工作越来越繁重，可是富兰克林每天仍然坚持学习。为了进一步打开知识宝库的大门，他孜孜不倦地学习外国语，先后掌握了法文、意大利文、西班牙文及拉丁文。他广泛地接受了世界科学文化的先进成果。1743 年，他开始筹备一家学院，八年后学院成立，即为宾州大学的前身。与此同时，他开始研究电，以及其他科学问题。1748 年，本杰明·富兰克林退出了他的印刷生意，进行他的各项发明和研究。富兰克林就在他编撰的《致富之路》一书中收入了两句在美国流传甚广、掷地有声的格言："时间就是生命。"

其实，人的一生，没有什么东西是不能放手的。时日渐远，当你回望，你会发现，你曾经以为不可以放手的东西，只是生命瞬间的一块跳板。所有的哀伤、痛楚，所有不能放弃的事情，不过是生命里一个过度。失学、失业，甚至连连失败，以至我们在生活中所受的苦，都不过是一块跳板，然而令你成长。

有这样一句话："节省时间，也就是使一个人的有限时间更加有效，从而也等同于延长了人的生命。"有的人活了 90 多岁，我们说他的一生是长寿的；有的人只活了二三十岁，我们说他的一生是短暂的。但是，活了 90 多岁的人，也许他的一生过得很无聊，而只活了 23 岁的人，他的一生也许过得非常有意义。

所以，人生无常更不能重来一次，世上所有的物和事，都可能有备份！但你的生命是唯一的，你的人生没有备用胎。在公路上行驶的汽车，也不是所有的汽车都有备用胎。人生做到极致，成功就是一个过程。不要在意得失，不要刻意地用心计去获得成功，只要你珍惜了每一天，就无憾于生命。

7. 成功就是熬出来的，你撑得住就赢了

熬是一种积极的生活态度，你的伟大和成功，必须依靠时间的磨砺而慢慢地熬出来。想要成功，必须用尽一生的才能，树立起坚定的信念，为了心中的那个目标日复一日地熬下去。

做人最大的乐趣在于，通过奋斗去获得我们想要的东西。如果你的人生有缺点，那意味着还要进一步完善。如果有匮乏之处，就意味着你还可以更进一步。努力地为自己的理想、信念、目标而坚持不懈地付出，因为成功没有捷径，靠的是自己一步一步地慢慢努力积累而来。

成功就是熬出来的。这个过程十分漫长，犹如龟兔赛跑般，不断地给自己加油和加劲，可能会落后，也不要气馁，坚持自己的目标勇往向前。不要停止自己的追求，也许你会走得比别人慢一些，但一定要比别人多些坚持，更不要轻易放弃自己。人生想要成功，关键在于你能不能"熬"得住。一步一个脚印地踏踏实实用双手去搏出一个世界。

　　有些人经不住时间的煎熬，总是怀疑自己的目标是否正确。始终没有一个长期目标，或是前进一步，见没有明显成效就放弃当前的路而选择别的途径，这样的人永远都在开始的起点而走不到成功的终点。现实社会中，为什么一个老板再难，也不会轻言放弃？而一个员工做得不顺就想离职跳槽？关键在于你对自己的目标投入的多少，决定着你能承受多大的压力。

　　在湖南益阳有一位卖茶的小姑娘。在 14 岁时，她在小镇上卖 1 毛一杯茶，由于她的茶杯比别的茶摊大一号，她的茶总是卖得最快。三年后，她改卖当地特有的"擂茶"，并将摊点搬到了益阳市区，虽然"擂茶"制作比较麻烦，可能卖个好价钱，小姑娘总是忙忙碌碌地生活着。又过了三年，她在省城长沙开了一家小店，继续卖着她的茶，有时进店喝茶的客人会掏些小钱带上一两袋茶叶。

　　在长达十年的光阴里，已 24 岁的小姑娘，始终在茶叶与茶水间打交道。这个时候，她已经拥有 37 个茶庄，遍布于长沙、西安、深圳、上海等地。只要福建、江浙的茶商们一提这位姑娘的名字都会竖起大拇指。随后的六年时间里，她又不断地开拓市场，直至把她的茶庄开到了中国香港和新加坡。她也实现了自己最大的梦想："在喝咖啡的潮流下，开出茶叶清香的茶庄。"

　　一件事，只要始终坚韧不拔地去做，无畏任何艰难险阻，不左右摇摆奋斗的方向，不顾左右而言它地坚持，用时间慢慢"熬"成了她的茶。当你的年龄越来越老时，你就会越发地渴望成功。也有一些少数人，在少年时得志，他们一出道就喜获成功。但更多的人是一路跌跌撞撞，几经沉浮，至今还在人生的旅途中艰难地行进着。

假如抛开世俗的眼光，从没有背景，没有社会关系，没有一切先天优势出发，要成功，只有一个字——熬。熬，看似一种纠结、无奈，甚至是颓废的生活状态，其实它是这辈子通往成功的必经之路。只有当你熬久了，才能体现出"熬"的药效，这个过程需要漫长的时间，其中的苦楚未必人人都能承受，即使受了，也未必人人都能成功。熬，只是为你的成功作铺垫，让你拥有可能占得的先机，离你的成功近一些，或者更近一些。当你"熬"到最后所有人都退缩的时候，你就有可能成功了。

普通人承受不了的委屈你得承受，在需要别人理解安慰时，你得用积极来对抗周围的消极因素，在别人无法理解你的时候，要看到爱和光，并从中学会转化成你的能动力。你要不畏惧情感的脆弱，直面困难和在成功这条路上所遇到的荆棘。也许，最大的危机不是环境给你的困难，而是面对这个危机时的心态。当你在处理问题时，是否想到退缩，还是迎难而上？

所以，熬是一种积极的生活态度，你的伟大和成功，必须依靠时间的磨砺而慢慢地熬出来。想要成功，必须用尽一生的才能，树立起坚定的信念，为了心中的那个目标日复一日地熬下去。你要大胆去闯，努力去追。这样才能发现，时间既然能把米熬成酒，把豆熬成酱，那你也一定能熬成受人敬仰的成功者。现在，还在成功征途上的你，请忍受孤寂，忍耐苦难，不怕失败，无惧打击，那么你的成功必将指日可待。

永不放弃，做自己的英雄

8. 成功需要时间，你必须长期持续努力

成功需要时间，也没有人能随随便便成功。人们看到的只是成功者，在成功后的光辉高大的形象，却没有看见在成功之前，他们摔倒在泥潭里，甚至让别人从身体上踩过。

不管你想要怎样的生活，你都要去努力争取，只有真正经历过了，才知道自己想要的是什么。因为经历，所以懂得。该做些什么，走怎样的路，应该遵循着内心的声音一步步摸索出来，摔倒了，爬起来。迷路了，停下来想一想，你必须给成功留足时间，然后继续走。

如果你已经找到方向，也已经努力了，但还没有得到想要的，那只是时间还不够，或者你还需要努力地成长。因为只有时间能够见证成长。没有时间的积累，没有付出的增多，没有量变到质变，是看不到自己的成长。上天眷顾的是那些持续努力不断坚持的人，再继续努力三年五载试试，到时回头再看时，是否就已经得到自己想要的，并往更好的方向发展了。

不要着急，慢慢来。一切都还来得及，饭要一口一口地吃，路要一步一步地走，留给自己足够的时间，认清自己应该走的道路，这比盲目前行来得有效。人生从来不是规划出来的，而是一步步走出来的，花足够的时间走自己想走的路，找自己喜欢的事情，每天做那么一点点，时间一长，你就会看到自己的成长。

对于市场机遇和创业的思路，许多人都有着自己的见解。但是江河千条归大海，无论是什么样的想法，都要有一个市场接受的基础，有一个自己能否拿下这个项目的条件和能力。打个比方，苏州人喜欢甜食，你偏偏顿顿都做辣的，那你的餐馆怕是没有多少回头客了。面对中国老百姓，硬要开大超市，还要搞什么会员制，否则价格就比别人高，那你的商店就不会进多少人。你的资本只够开一个小吃部，你却硬要开个五星级的大酒店，就是累死了怕也干不成。

心急吃不了热豆腐。一个好的思路，更需要有一个好的操作路径来执行。坐在家里想商机，可能遍地都是。但是能够在市场中行得通的，却并不一定是最初你想象的。因此，创业过程中最要紧的，是了解市场和了解自己，在市场所需和自己所能之间，寻找一个对接点，然后一步一步地实施。投资创业都想大发展和快发展，但是却急不得。

积累了20年的商业经验的雷军，他在"四十而不惑"这一年创办了小米，这是对他的全新测验考试。他说："前面16年在金山练基本功，后面几年练了一些无形的东西，直到感觉自己准备好了，才出来做小米。"是的，这一天距雷军离开金山已有两年。四个月

永不放弃，做自己的英雄

后，他正式创立小米公司。

雷军极聪明，年少成名。1969年出生于湖北仙桃，18岁考入武汉大学计算机系。雷军说，他用两年时间修完了所需学分，并完成了结业设计。大四那年，雷军和同学王全国、李儒雄等人创办三色公司，当时的产品是一种仿制的金山汉卡，在武汉电子一条街小有名气。但是，随后出现一家规模更大的公司把他们的产品盗版了，价格更低，出货量更大。很快，三色公司经营艰难。半年后，公司解散。大学结业后，他只身闯荡北京，1991年年底在中关村与求伯君结识，随后加盟金山软件，成为金山的第六名员工。

两年之后，雷军出任北京金山总经理。1998年，29岁的雷军升任金山公司总经理，堪称年少得志。金山成功上市两个月之后，雷军以健康原因辞去总裁与CEO职务，离开金山。"那一阵他身心俱疲，离开是最好的选择。"雷军的一个朋友说，这让雷军从习惯的枷锁中解脱出来。事后证明，正是这一次的离开，成就了雷军的脱胎换骨。很快，他找到了自己的"势"——智能手机和移动互联网的大爆发。成立小米公司，在此过程中，小米完成四轮融资，估值迅速突破100亿美元。小米已成为业界品牌。

成功需要时间，也没有人能随随便便成功。人们看到的只是成功者，在成功后的光辉高大的形象，却没有看见在成功之前，他们摔倒在泥潭里，甚至让别人从身体上踩过。当你埋怨没机会、没人脉、没时间、没准备，甚至觉得大环境欠好真是天亡我也时。有没有想过，那些睡得比你晚、起得比你早、跑得比你卖力、天赋比你还高的人，他们早已在晨光中跑向那个你永远只能眺望的远方，而他们却越来越近。

所以，想要成功，必须给自己留足时间。世上无难事，只怕有心人。饭，一口一口吃总能吃饱；路，一步一步走，总能到达；坡，一个一个爬，山总能登上。没有人的青春是在红地毯上走过的，既然想要成为他人无法企及的那个自我，就要付出他人无法企及的努力。如果你不愿努力，也就不要埋怨上天，没有给你机会。

永不放弃，做自己的英雄

9. 收获了苦难背后的财富，你便打开了成功之门

苦难是财富还是屈辱？当你战胜了苦难时，它就是你的财富；可当苦难战胜了你时，它就是你的屈辱。

人，需要历经苦难，需要苦难给予的磨砺。苦难并不可怕，如果你心中有成功的信念，那么每一次的摔倒都是为了更有力量的重新站起来。一帆风顺的人生是不完整的人生，因为缺少了与苦难斗争的经历，便少了那笔宝贵的财富。

"生于忧患，死于安乐。"大部分人都要求自己能做事认真、负责，并时刻自我提醒着不要"做错事"，我们怕出乱子，一直勤恳地维护着自己一贯的努力，看似付出了很多，却并不比别人能得到更多的赏识和机会。这样的你，只会让别人感觉平庸与无能。你的老板也不会意识到你的重要，从而隐没了你真正的办事、办大事的能力。也许此生你都无法伟大，但苦难一定会让你告别平庸。

其实做错事并不可怕，怕的是事情做错了没有能力解决问题。难题和挫折是锻炼你的意志和处世方法的能力，只要你肯努力，能

从困难中走出来，就会越挫越勇，越磨砺越锋利。生活中处处有麻烦，虽然这些麻烦会让人十分不舒服，但是，你却可以从中感受到生存的哲理，苦难亦是如此。之所以说苦难是一笔财富，是因为只有经历了苦难失败，才能得到成功。

大家也许听过这样一个故事。一只蝴蝶正在破茧，它臃肿的身躯，正在一点点努力地从蛹的小口挤出来。这时有一个小男孩看到蝴蝶饱受苦难、疲惫不堪的样子，便用剪刀在蛹上剪了一道口子，那只蝴蝶自然很轻易地钻出了茧，但它却没能像其他蝴蝶那样翩然展翅，它皱巴巴的翅膀显得格外无力。不久，蝴蝶死了，原来蝴蝶破茧的过程也是锻炼它翅膀变得坚强为展翅飞翔做准备的过程，在破茧的刹那，蝴蝶身体里的液体涌向翅膀，让翅膀变得更有力。如果有人帮助而省略掉奋力破茧的过程，在破茧以后因为翅膀不够坚强有力而逐渐被自然淘汰。可见，苦难，是通往成功的一次机遇，也是在成功路上必须经历的。

人生旅途中不可绕过"苦难"这座驿站，它是成功道路上必须翻过的山峰。只有知难而上，在跌倒处再爬起来，在失败后重振起鼓，我们才能有过硬的素质，才有创造辉煌的希望，才会比原来更加强大。有人说过，人的脸形就是一个"苦"字，天生就该受尽各种苦难。苦难是人生的一块垫脚石，对于强者是笔财富，对于弱者却是万丈深渊。

苦难是财富还是屈辱？当你战胜了苦难时，它就是你的财富；可当苦难战胜了你时，它就是你的屈辱。如果我送给你一朵带刺

永不放弃，做自己的英雄

的玫瑰，它会带给你成功和幸福，可在你接受之前，你的双手必须先被它刺破。你愿意为自己的成功而忍受痛苦、灾难、挫折、失败吗？

黄怒波原名叫黄玉平，他这一辈子就像黄河的水一样，永远不怕挫折。他幼年时，父亲自杀、母亲意外身亡，仅有 13 岁的他就成了孤儿。他有时会饿好几天，迫不得已在街头要饭，好不容易熬到 16 岁高中毕业。他怀着命运何去何从的迷茫，骑了两个小时的自行车来到黄河边，看着混浊的黄河水一米一米地蚕食着堤岸，内心充满了感触，他发誓要与过去的生活诀别，将自己改名怒波。

黄怒波有一股不服输的劲，在宁夏插队当知青时，每天三更半夜爬起来套车往田里运粪，他从来不喊苦，但他被任命为大队会计后，老会计不肯教他打算盘，这让倔强的他感觉到委屈，为此他窝在被子里第一次痛哭。

1977 年宁夏有一个北大招生名额。通贵乡的群众联名推荐黄怒波，他考上了北京大学，从此命运之门就向他敞开，读北大，进中宣部，29 岁正处级，常人看来如此一条康庄大道他却认为人生不能这么安逸地生活。辞职下海从商是他的另一个起点，别人称他为"十个指头能按住十五只跳蚤"的人。1995 年 4 月，黄怒波创建北京中坤投资集团。在海淀区合作开发都市网景项目中，赚得 5000 多万元。

同年，中坤又投资 400 万，接下安徽黟县宏村项目。修路、征滩地、租山林、危房改造等黄怒波力排众议，对这原本破旧的小村庄进行全方位改造。2011年6月，黄怒波向北京大学捐赠价值9亿元人民币的资产，这笔资产将注入"北京大学中坤教育基金"，以进一步推动北京大学人才培养和教学科研的发展。2012年5月，黄怒波与冰岛政府进行沟通以签署冰岛北部一块土地租赁协议，10月在中国签约。

黄怒波并非消极地接受现状，不求变革。恰恰相反，他认识到接受苦难是为了更好地到达成功的彼岸。他乐意去挑战自我、挑战高峰、挑战不可能。他的人生就是在不断地挑战中攀上一座座顶峰。他对于自己不幸的人生，从来没有绝望过。他认为，人生的成与败是对生活的体验和提炼，他最怕忧郁。他不愿回忆往事，因为那是一段不堪回首的记忆。

他是吃的苦才走到现在，经历了那么多的东西和精彩的生活，他虽受着痛苦的折磨但他没有垮掉，他说："只要努力了，失败也是成功的。只要挑战现有的生活秩序，即使是从失败到毁灭，也是很有意义的。"是的，无论成功与失败、得到与失去，都要以挑战来彰显自己的存在，正是这追求挑战的生存哲学，使他完美融合了看似矛盾的知足与进取，在满足现状、感激生活之时，活得意气风发，生气勃勃。

所以，苦难是人生的一笔巨大财富，它会锤炼人的意志，使人获得生活的真谛。吃得苦中苦，方为人上人。面对苦难来临的时候，我们要忍耐，要有希望，要保持挑战的心态，才会走出自己的辉煌。当然，并不是每个人都可以成功，在与苦难的一次次交锋中，学会

永不放弃，做自己的英雄

如何脚踏实地地活着，学会如何在寂寞中微笑，学会在平凡中感受美的存在。无论是谁，都需要经历苦难，生命才更完整。只有在你善待苦难的时候，它就为你打开一扇通向未来的幸福之门。